日本人と木の文化

鈴木三男著

八坂書房

装幀・鈴木あづさ

口絵１（上）　現代に姿を現した氷河時代の埋没林（仙台市教育委員会、1989）
口絵２（下左）　ブナ林の紅葉（石川県白峰村）
口絵３（下右）　昼なお暗い照葉樹林の林内　石川県気多大社の「入らずの森」。

口絵4（上）　なぎ倒され テフラに埋まった埋没樹 掘り出し、鋸で切っている（青森県三戸郡新郷村浅水川上流）。

口絵5　北海道南茅部町の垣ノ島B遺跡から出土した約9000年前の漆製品 埋葬された人の左腕にある漆塗りの編み物の装身具をクリーニングしている（南茅部町教育委員会提供）。

口絵13（上右）　**高野山、学術参考林のコウヤマキの林。**樹高30m以上ある。

口絵14（上左）　**富士青木ヶ原のヒノキの天然林**
青木ヶ原では溶岩の広がる痩せた土地にヒノキ林が成立している。

口絵15（下）　**福井県三方町黒田のスギの埋没株**
巨大な株がたくさん掘り出されている。

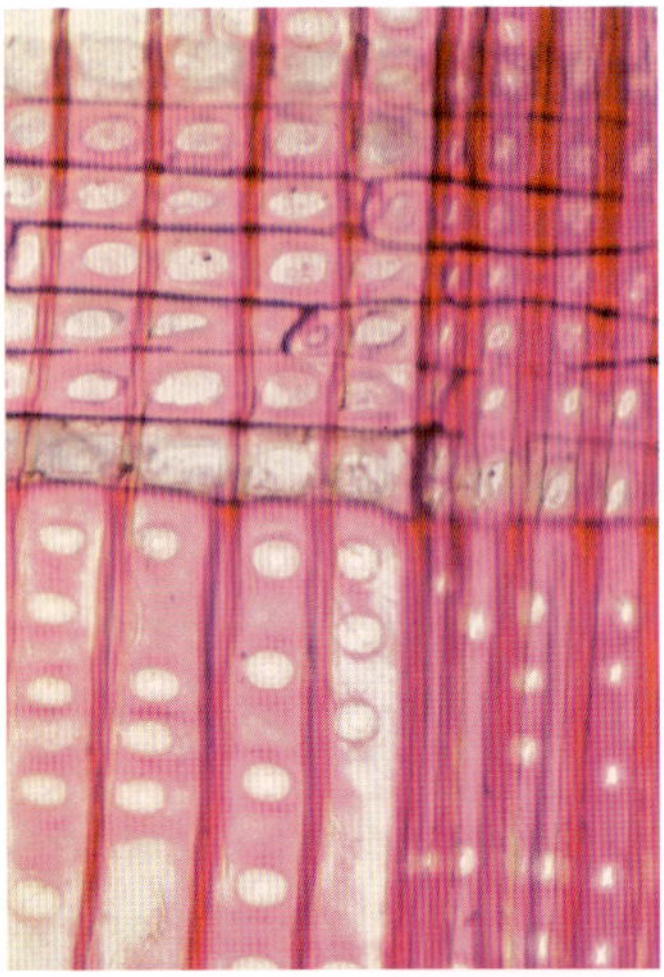

16-2

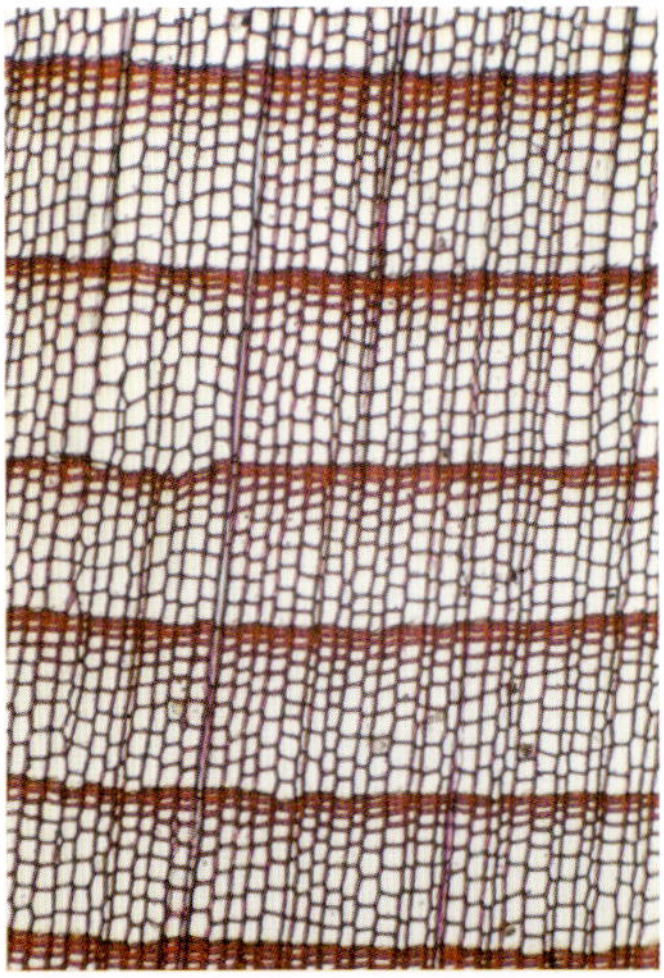

16-1

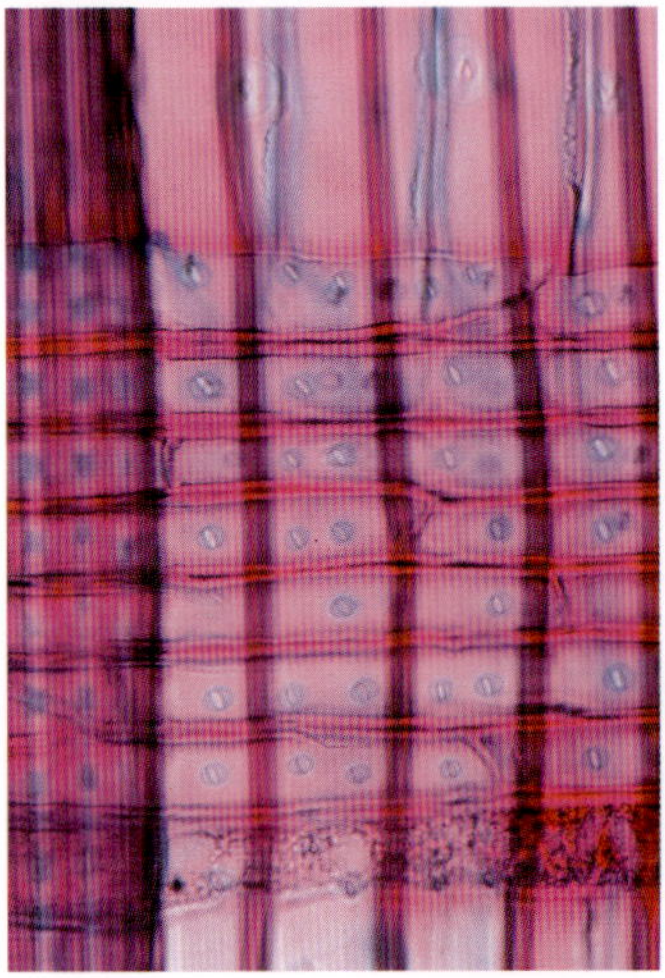

16-4

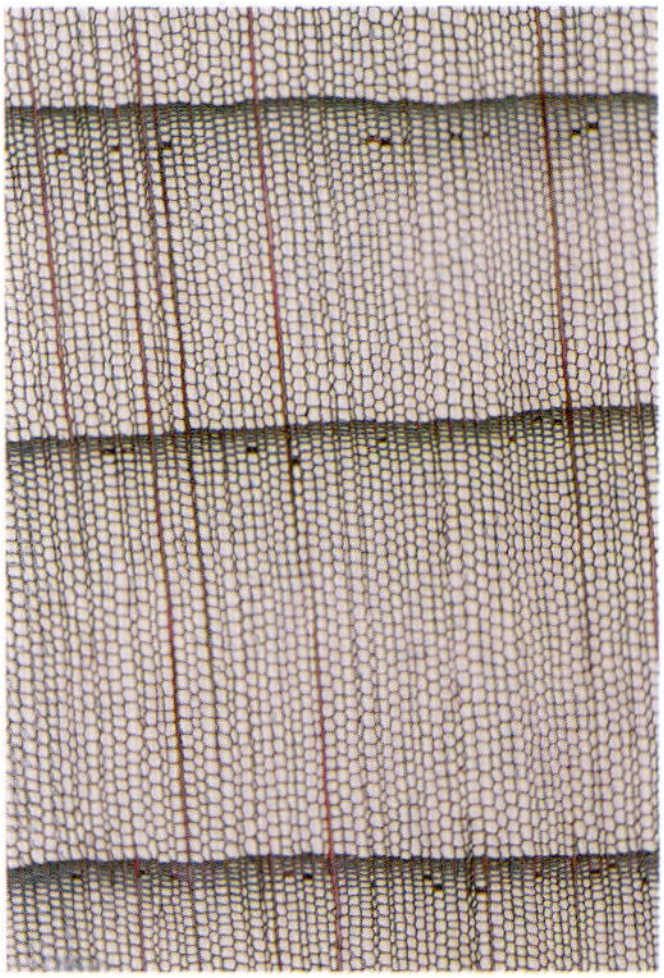

16-3

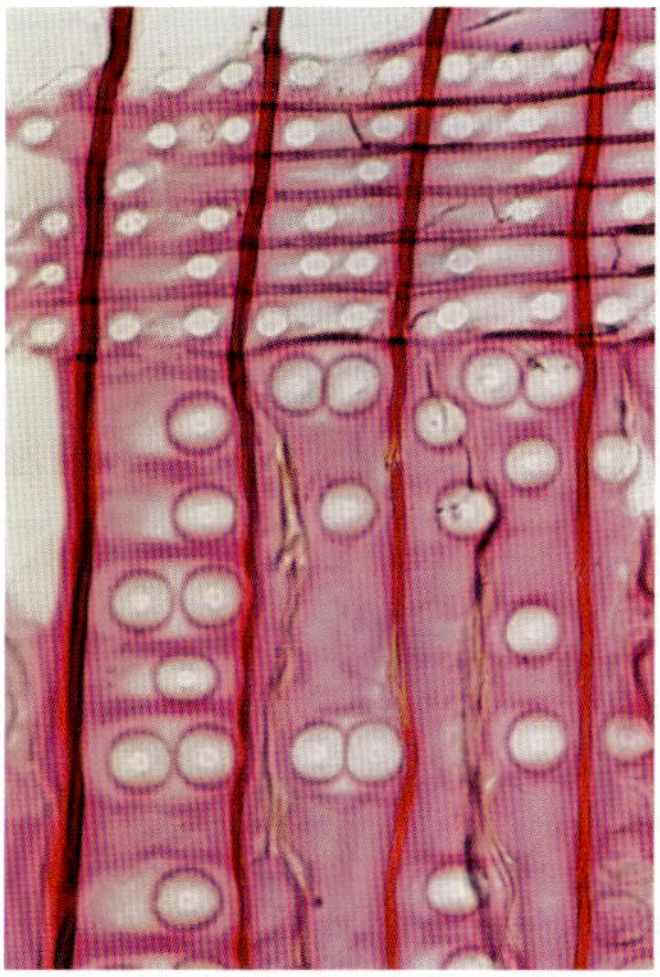

16-6

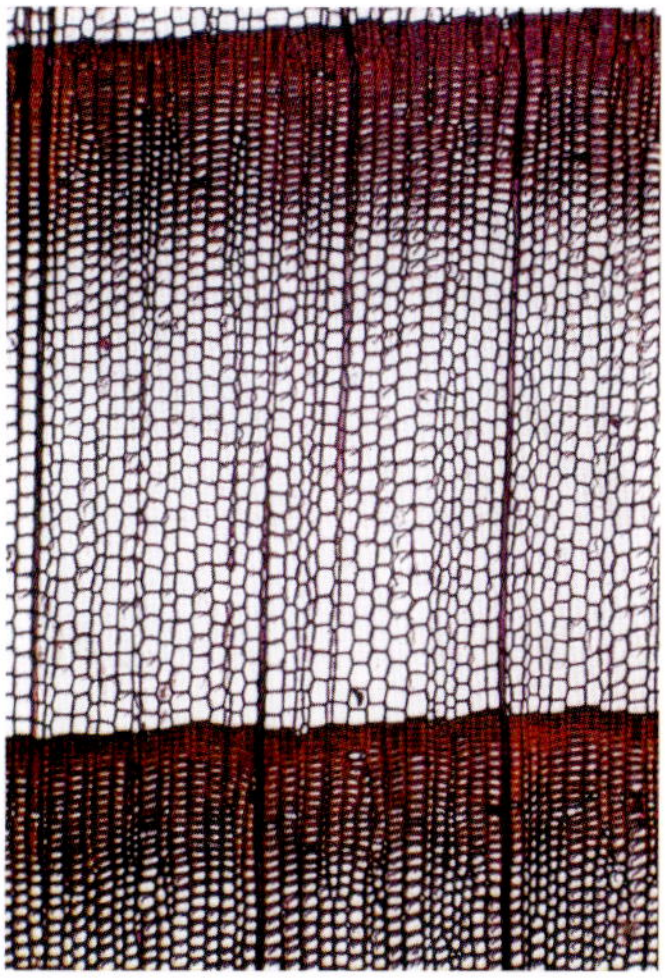

16-5

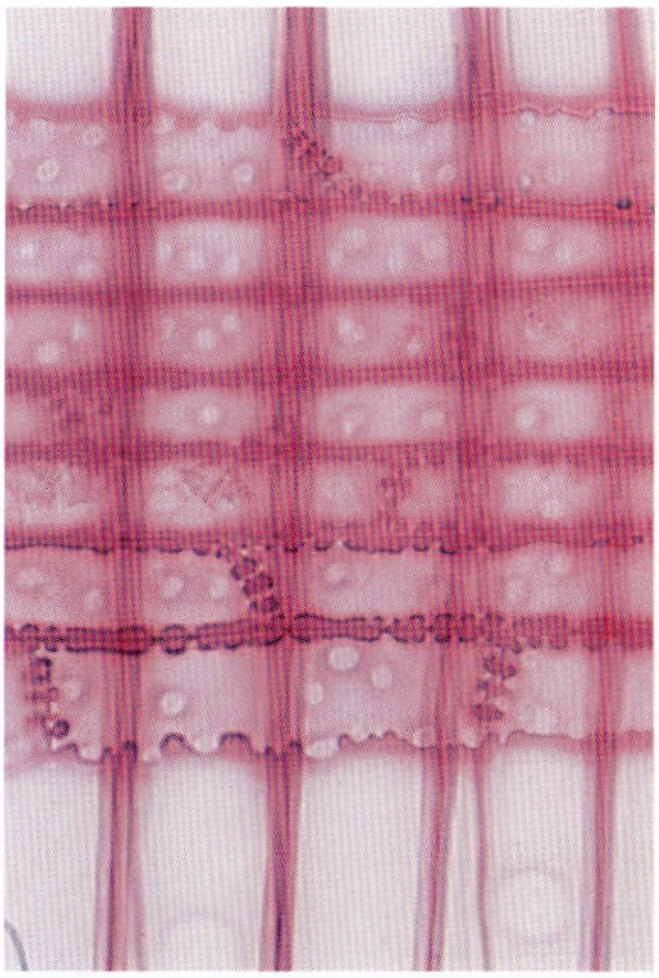

16-8

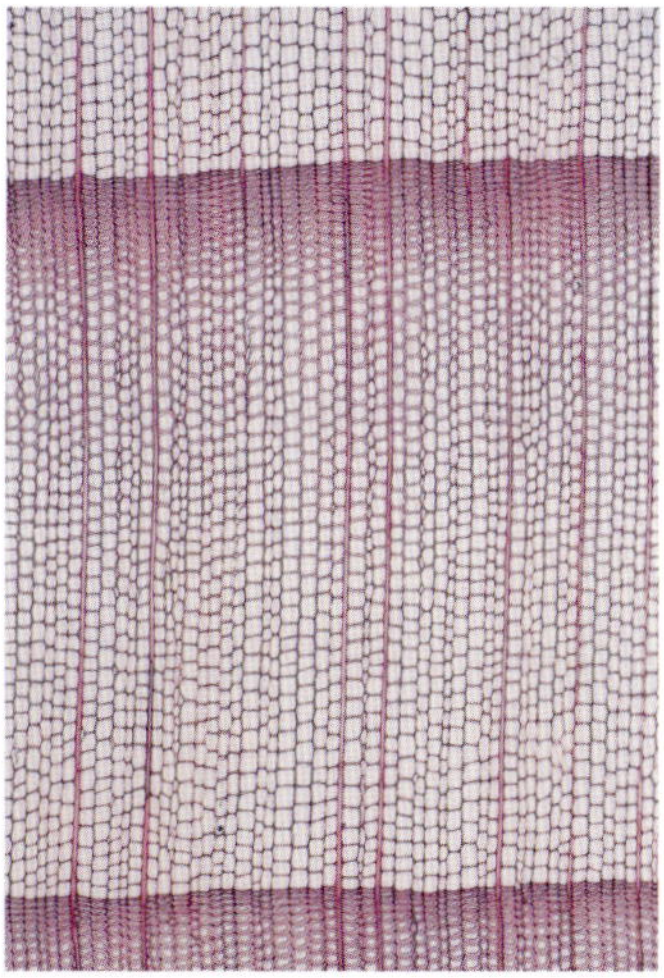

16-7

口絵16　針葉樹の木材構造（顕微鏡写真）　1・2：コウヤマキ、3・4：ヒノキ、5・6：スギ、7・8：モミ、1・3・5・7が横断面（木口)、2・4・6・8が放射断面（柾目)。ヒノキは年輪が目立たないが、スギ、モミはたいへんはっきりしている。互いによく似ていて、微細な構造の違いで区別される。

口絵17（上）　スギの天然林　京都府美山町にある京都大学芦生演習林のスギ林。

口絵18（下）　モミの天然林　宮城県仙台市にある東北大学附属植物園のモミ林。仙台城築城以来、御裏林として保護されてきたため、現在もモミ林が残っている。

日本人と木の文化

目 次

目　次

6章　縄文の巨木文化とクリ　117

序章　植生史を明らかにする　―木の化石にとりつかれて―

人間と植生史の関係をひもとくには?

私たちが過去を知るには知りたい内容に応じてさまざまな方法がある。もっとも興味を引くのは宇宙の歴史、地球の歴史、地球生命の歴史、そして人類の歴史であろう。人類は地球生命の一部であるから、人類の歴史を知ることは地球生命の歴史を明らかにすることと同じことのように思えるかもしれない。しかし、人類は他の生命と違った面を多くもっているので、地球生命の歴史を明らかにする一環としての人類の歴史の他に人類を取りまくさまざまなこと、特に人類をはぐくんできた環境の歴史、人類と環境の交渉の歴史、人類がいかに自然及びその生産物を利用してきたか、などがともに明らかになってはじめて人類の歴史を知ったことになるといえる。

人類が起源したとされるアフリカなどと違って、わが国にはいつの頃からか人類が移動してきて住みつくようになったと考えられている。人類がはじめて日本列島に住みついたのがいつなのかは謎であるが、日本列島のどこにでも人類がいた、といえるようになるのは約二万五〇〇〇年前の最終氷期最寒冷期といわれる氷河時代のたいへん寒かった頃以降のようだ。しかしこの頃でも人口密度はたいへん希薄なもので、人間が生活することによって自然の生産物を大量に消費して自然を改変させたり、森林や草原などに対して目立った影響を与えたりした様子もない。しかし縄文時代になると人口が急激に増え、人間による自然への干渉は明瞭になってくる。

このような人間と自然、特に植物的自然との関係を明らかにするには、過去にどのような植生があり、人間がその自然から何をどのような目的で利用し、その結果、もとにあった植生がどのように変質し、それがまたその後の人の生活にどのように影響し、その後の人はそれをどのように生活に取り込みさらに改変したのか、ということを探らなければならない。

このように、人間と自然とは互いに影響を与えあうことを連綿と繰り返して現在にいたっているのだが、この関係を植物の側に視点を置いて、歴史的に明らかにしようとするのが植生史学という学問分野である。この分野は自然科学である古植物学（化石を研究する）、生態学を基盤に、地質学、地形学、気候学を仲立ちとして、人文科学である考古学、歴史学との境界領域の分野であり、わが国での研究の歴史はまだ浅いのであるが、過去の地球環境の変遷を植生の面から明らかにすることによって二一世紀における地球環境の予想、地球温暖化の植生に及ぼす影響予測、地球植生の未来を予測するための大きな力となることが期待され、注目を集めている。まさに温故知新である。

それでは過去の植生はどのようにして知ることができるのだろうか？

植物の化石を調べる

化石は過去にその生物が存在した直接的な証拠である。古生物学はまさにこれを研究して地球生命の歴史を解き明かしているのだが、地球上にはバクテリアから始まって、海藻、コケ、花の咲く植物、サンゴにミミズにサカナにヒト、と多種多様な生物が存在し、それぞれが地球生命始まって以来の歴史を背負っている。これが地球生命の多様性なのだが、陸上生態系を構成する主要素である植物の一つ一つの種類の歴史は古生物学的に研究すれば明らかにすることができるのだが、その個々の種類ではなく、それらが集まってつくる一つのコミュニティ、すなわち植生そのものの歴史を知るにはどうしたらよいだろうか？

植物化石を大量に含んだある地層を想定して、その地層中に含まれている化石の由来を考えてみよう。もちろん海に堆積したのか、川底か、沼や湖なのかで異なってくるし、それが本来の生育地から川の流れや海流、風などで運搬されてきてある程度離れたところに溜まったもの（運搬性堆積物という）なのか、あるいはその場所自体に生えていた植物が溜まったもの（現地性堆積物という）なのかでその意味はまったく違う。そこに生えていたもの自身ならば、そのままそこの植生のある意味での反映であるが、運搬されてきたものならよく検討しなければならない。それでも運ばれてくる範囲内にあったものであることは確かなのだが。現地性か運搬性かの区別はおもに堆積環境と堆積物の様子で判断することになる。

化石の研究では二次堆積も注意しなければならない。二次堆積とは一度地層中に埋もれて化石となったものが、地層が浸蝕を受けて地表に現れ、その後ふたたび新しい地層中に取り込まれて化石になることで、当然、この化石はそのときに生きていた証拠とはならない。では、どうやって二次堆積と一次堆積を区別するのかというと、多くの場合、化石の状態などで判断するのであり、ときとしてたいへん難しい場合がある。

いずれにしても、地層中から植物化石を取り出し、それがどんな植物であるかを明らかにして過去の植生などを知るのだが、コケ植物などの小さなものはともかく、樹木がそのまま根から枝先まで丸まる化石として出土することはまずない。根、幹、枝、葉、花や果実、そして花粉や種子がバラバラになって別々に出土する（図1-6）。さらに、バラバラではあるが同じ地層中に堆積するときもあるが、通常は運搬され堆積する。そして、運搬堆積の過程で破片の大きさや形状で異なった動きをするため、同じ植物に由来するものであっても、材、葉、種子、花粉などはそれぞれ別々なところに堆積することが多い。

したがって植物化石からもとの植生を復元するにはそれぞれ異なった部分を調べる必要がある。しかも木材、花粉、種子や葉などでは大きさが違うし、それを観察同定する方法も違い、その上、それぞれの方法でもとの植物を確実に同定するには手法、すなわちテクニックの上達とともに同定のための知識の蓄え、対照するための標本や文献資料などの蓄積が必要であり、おいそれとできるものではない。結局、植物化石の同定は、材、葉、花粉や種子などの部分ごとにそれぞれ異なった専門家にゆだねられることになる。

私は木材化石の専門家である。だから、花粉や種子の同定は「門前の小僧、習わぬ経を覚える」程度にはわかっても、決して責任ある同定はできない。しかし、木材の同定には一応うるさいということになる。

木の化石はおもしろい

私がなぜ木材の同定をするようになったのか話せば長くなるが、直接的な始まりは千葉大学文理学部時代（昭和四一～四五年）の恩師、故亘理俊次博士の薫陶によるところが大きい。当時、亘理先生は木材化石研究の第一人者で、同時に植物写真家としても有名であった。千葉大学時代の私は、先生の研究室に籍をおいて、卒業研究で北九州の古第三紀の硅化木の研究をおこなっていたのだが、そのかたわら、先生のお供（鞄持ち）で植物写真撮影のためにいろいろなところへ連れていってもらい、植物写真の撮り方も教えていただいた。

ところで、硅化木というのは、木の組織の中にケイ酸分が入りこんで固まったものであり、かちんかちんの石なので、それを岩石カッターで切って、薄く磨いて顕微鏡で見えるようにして研究するのだが、薄い切片にしてしまえば普通の植物組織のプレパラートと同じように研究することができる。ふつう、木材の横断面を顕微鏡で見ると道管や繊維が織りなす美しい、そしておもしろい文様がさまざまに現れるのだが、化石でも現生の木材を切ったのと変わらぬ美しい文様を見せてくれるのに感動したものである。ところで、文様が美しく残っているということは、木材の組織が生きていたときと変わらずに保存され、情報を保持しているということであり、化石研究にもっとも重要な要件をよく満たしている「よい」研究材料なのだ。同時に、これらの化石を同定するためには今生きている樹木から木材の組織プレパラートをつくってそれと比較するわけで、そのためにはもちろん、現生の木材の組織構造をよくよく勉強する必要がある。

そんな勉強をしていたある日、先生から、「鈴木君、これを見てごらん」と焦げ茶色の木片を渡された。早速剃刀で薄く切って顕微鏡で覗いてみる、とそれはクワ科のハリグワであった。由来は東京湾の海底トンネルのためのボーリングコアから出た木片で、一万年以上前の地層とのこと。ハリグワは現在は朝鮮半島、中国に自生があるのみだが、かつては日本にも生えていたものである。それにしても海底トンネルの開通は一九九八年であるから、じつに三〇年近く前にすでにボーリングなどの調査がおこなわれていたことになる。このほか、先生のところには各地の遺跡などから出土した木材や植物破片などが持ち込まれ、同定依頼を請けておられたが、比較的簡単なものは私が任されるようになり、そのうちに、遺跡の出土材も手がけるようになっていった。

　そんなわけで、私の場合には「木材」が最初から決まっていたのであるが、これからの若い人が植物化石を研究したいというときに、花粉（いわゆる微化石）と、種子など（通称、大型植物遺体。花粉を微化石と呼ぶのに対する言葉）、木材のいずれを勉強するのがいいのか、と質問されたときのために、遺跡の出土木材を研究する特徴と欠点を、花粉、大型植物遺体と比較しながら述べておこう。

なぜ木の化石がいいのか？

　木材化石研究の利点を述べる上で、まずはじめに挙げたいのは埋没林の存在である。埋没林は過去の森林がそのまま地層中に埋め込まれてできたものだから、当時の森林そのままの姿を示している（25ページ図1-4）。したがって埋没林の樹種がわかれば、そこにどんな森林があったかを直接明らかにできる。もっとも立体的な森林がそのまま残っているわけではなく、普通は根株や根張りの部分が残っているのだが。そこにかつてあった森林がどんな樹種で構成されていたかを知るには、そこから出る植物化石を調べればわかる道理だが、実際には埋没林の地層から取り出した種子や花粉であっても、化石になった植物がほんとうにそこに生えていたものであるかどうかはわからない。それに比べ、埋没林自体を構成している木材化石を調べることができるのは大きな強みである。

第二の利点として、遺跡から出土する木材には、建築材や木の器、下駄や果ては便所の金隠、ただ削ってあるだけの棒など、さまざまな程度に人間が利用した木材（これを加工木と呼んでいる）とその気配のない木材（自然木と呼んでいる）があり、前者は人間の木材利用を直接示しており、後者は遺跡周辺に生えていた樹木に由来するものと人間が木材を利用した残りの捨てた部分などからなっている。自然木はいずれにしても遺跡周辺に生えていた樹木に由来するものであり、周辺の森林植生（古植生）を直接示す証拠である。そして、加工木と自然木を比べることにより、当時の人々が自然の森林の中からどの樹種をどの目的に選択していたかを知ることができるし、あるいは周囲の自然林にはまったく見つからない木材が出土したときには、よその地域から持ち込まれたものであるとかいったことがわかる。つまり木材化石からは、遺跡の森林環境（森林資源）と木材利用文化がわかるというわけである。

そのような利点を持つものの、木材化石は欠点もある。一つには同定の精度の問題がある。木材の同定精度は種子ほどよくなく、花粉よりはよい、つまり種子と花粉とのちょうど中間の程度にある。一般に木材化石から識別できるのは種《しゅ》から属《ぞく》のレベルで、ときには亜科《あか》までしか区別できないものもある。これは種子化石からなら種まで同定できるのが普通で、ときには栽培品種まで区別できるのに比べれば多少劣っている。第二にはそもそも嵩《かさ》が大きいので細かい地層の違いに応じた組成の変化などを追うことができない。これは花粉化石と比べるとその欠点がはっきりとわかるだろう。花粉はたいへん小さくて地層の数ミリの厚さ単位に分析し、細かな時間変化に応じて組成がどのように変化したかを調べることができるが、木材では縄文時代前期の前半と後半というくらいにしか時間区分をできないのが普通で、いってみれば時間軸に関してはたいへん大雑把にしか変化をとらえられないということである。

そして、これは本質的なものだが、木材化石からは「樹木」しかわからない。草は無理なのである。丈夫な、つまり木化した茎を持つ草本を同定したこともあるが、これはなかなか難しい。似た仲間の木化した部分は互いによく似ていて区別が困難だからである。そのほか、掘り出すと乾燥して変形収縮したり、水漬けにしておいてもかびが生えたりと管理に手間暇と場所が要るなど、扱いにくい材料であることも確かだ。

しかし、木材化石を調べることにより、森林植生がどのように変化してきたのか、その森林から昔の人々が木材をどのように利用してきたのかがわかるのである。本書では、このような木材を調べてわかった森林の変遷、人間による森林利用とそれによる植生の改変をたどり、さらに、遺跡の樹木が語りかけてくれる「日本人と木の文化」をタイムトラベルしてみよう。

1章　氷河期の森を復元する

1　復元された氷河期の森

約二万年前の氷河期

今から約七万年前から一万年前にかけてのおよそ六万年間は地球全体が現在よりもはるかに寒くて、世界的に氷河が発達した時代なので氷河期、氷河時代といわれる。このような氷河が発達した時期は、人類が現れて活躍したので人類紀とも呼ばれる第四紀（約一七〇万年前から現在まで）には何度かあり、その中で、約七万年前から一万年前まで続いた氷河期は最後であるというので最終氷期と呼ばれている。この最終氷期の六万年間、ずっと同じように寒かったわけではなく、何回かの特に寒い時期（亜氷期）とそれほど寒くない時期（亜間氷期）が繰り返しあったことが知られている。特に非常に寒かった亜氷期の最後の時期が今から二万五〇〇〇～一万八〇〇〇年前くらいにあり、これ以降、地球は急激に温暖化して現在にいたっているわけである。わが国では特にこの最後の亜氷期以降の地層がよく残っていて、化石もたくさん出てくるので、よく調べられている。そして、さまざまな方法で調べられた結果から、この頃は現在より気温が年平均で約八度、海面は約一〇〇メートルほど低かったといわれている。

氷河時代が目に見える仙台市の富沢遺跡

この寒冷な時期にはどのような植生があったのだろうか。旧石器人の焚き火跡が見つかったことで有名な仙台市の富沢遺跡を例にして見てみよう。

富沢遺跡は杜の都仙台の中心から市営地下鉄で南にいった、長町南という駅からすぐそばにある。仙台市太白区長町南四丁目、南側には仙台市の南部を西の山形県境の山々から東の仙台湾に流れる名取川があり、この付近一帯は「富沢地区」と通称され、弥生時代から平安時代にかけての水田遺跡が拡がっていて全体が富沢遺跡と呼ばれている。その遺跡の第三〇次の発掘区が話題の現場で、実はここは仙台市が小学校を建設するのに先立って遺跡調査をおこなった結果、旧石器時代の重要な遺跡であることがわかって、保存が決まった経緯がある。

発掘調査は昭和六二年（一九八七）の春に始まった。この付近一帯はもともと水田地帯であったが、仙台市の都市域の拡大とともに宅地化してきたところである。現在の標高は一二メートル、一メ

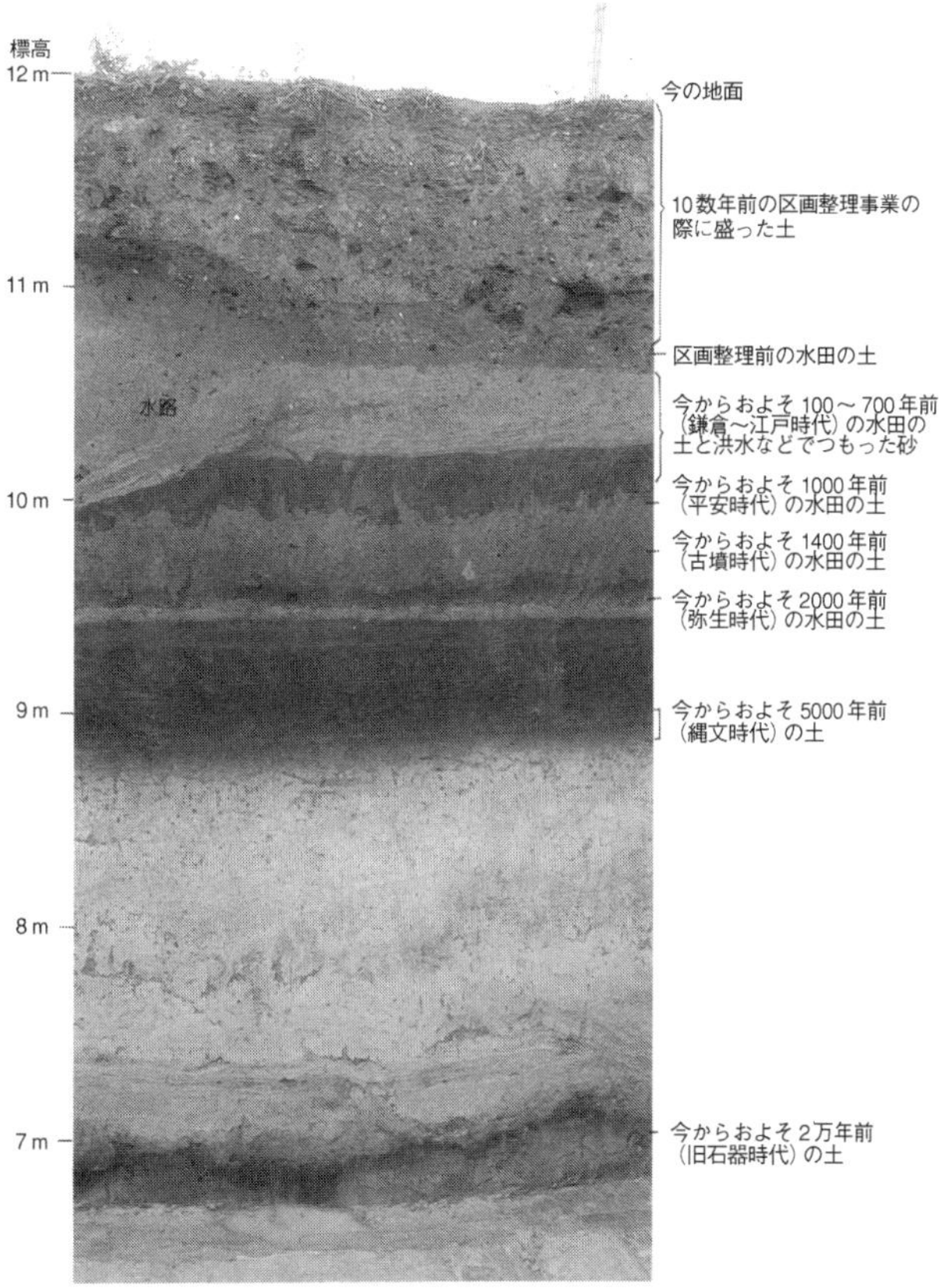

図1-1　富沢遺跡の土層　現地表から5m下に氷河時代の埋没林がある（仙台市教育委員会、1989）。

ートルを超える十数年前の区画整理の際の盛り土を取り除くと、それ以前の水田が現れた。その水田耕作土を取り除くと今度は江戸時代、その下に鎌倉時代、平安時代、古墳時代、そして弥生時代と次から次と水田が現れてきて、この場所が、実に二〇〇〇年前の弥生時代からずっと水田として

図1-2　富沢遺跡の古墳時代の小区画水田　氷河期の埋没林はもっと下から出てくる（仙台市教育委員会、1989）。

利用されてきたことがわかる。このように発掘を進めると順次古い水田が下から現れるのは、実は、古い水田が埋め立てられてその上に新しい水田ができ、それがまた埋められてその上に、ということが繰り返されてきたから起きることである。弥生時代から江戸時代までで約一メートルの地層が堆積している。つまり、この遺跡では時間をおいて繰り返し土砂が堆積したことを示しているが、その源は名取川の氾濫である。名取川の北側に位置する富沢地区のさらに北には青葉山丘陵の南東端があって、そこから小さな谷が富沢方面に何本か下っている。富沢地区はこれら小谷の扇状地の末端の南方に位置し、南を名取川の自然堤防で区切られた後背湿地的な場所なのである。そこは名取川の大出水にともなって水没し、水が引いてはふたたび水田に利用され、ということが繰り返しおこなわれてきたわけである。

富沢遺跡では弥生時代の水田より下となると、とたんに人間の匂いがあまりしなくなる。だから、ここでは弥生時代の水田まで掘り下げてくるとだいたい調査を終わりにするのが通例だったのだが、第三次の調査区では弥生時代の水田の約一メートル下から約五〇〇〇年前と考えられる縄文時代の土壙《どこう》（人間が掘った穴）と若干の遺物が見つかったのである。縄文時代の遺物の発見は富沢遺跡ではめずらしいことであり、この地区の歴史をたどる上で貴重な資料になるとしてさらに詳しく調査され、同時にさらに下にも遺物がないかと掘り下げていったところ、地表から五メートル下、標高七メートル付近から埋没林が現れたのである（カラー口絵1）。しかも埋没林をよく調べていくと、石器があり、石器とその破片が散らばっているところのすぐそばには多数の炭片が散らばっていたのである。この石器はいわゆる後期旧石器であり、埋没林の木材を放射性炭素年代測定法で調べたところ、約二万年前、氷河時代真っ盛りの埋没林だったのである。炭片はその後の検討で、焚き火の際にできたもので、また、石器の破片は大部分が互いにくっついてもとの石の塊になることから、旧石器人がここでキャンプをして焚き火のまわりで石器づくりをしていたことがわかり、旧石器時代の人々の生活を示す遺跡として保存されることになったのである。

図1-3　富沢遺跡1-27層堆積直後の環境復元図
（細野修一画、仙台市教育委員会、1992）

富沢遺跡の埋没林

さて、考古学的には石器と焚き火跡がきわめて重要であろうが、自然科学、特に古植生を研究しているものにとっては埋没林に興味がわく。埋没林とは昔生えていた樹木がそのまま地層中に埋もれて残ったものだが、もちろん、根の先から幹、枝先、葉まで残っているわけではない。埋れ木がどのような条件で残るかは「付章　木の化石の種類を調べるには」で詳しく触れるが、埋没林もそれと同じで、森林が洪水や土石流などに流されてきた土砂で急速に埋まるか、あるいは湖沼などの水位が急激に上がって森林が水没すると、空中に出ている部分は速やかに分解されて失われ、土砂や水中にある部分は残る。湖沼などで水没したものは長年のあいだにやはり土砂に埋まっていく。このようにして樹木が生えていたままの状態でパックされたのが埋没林で、過去の森林の状態をそのままに示すたいへん貴重な資料である。

富沢遺跡では埋没林をパックした土砂の層が薄かったので、埋没林はほとんど根元までしか残っていない。それでも放射状に張り巡らされて根がきちんと残っており、また倒れ込んだ幹も残っていて、これをもとに当時の森林を復元することが可能であった。まず、埋没林の樹木の詳細な分布図がつくられ、一本一本に番号がつけられた。そして、これらの樹木から親指程度の大きさの木材片が切り取られた。これが樹種同定の試料である。樹種の同定は「付章」で詳しく述べるように、剃刀で切片を切り、それを顕微鏡で観察しておこなった。調べた全試料三二一点の構成はトウヒ属がいちばん多く一四一点（四四％）、ついでカラマツ属（九四点、二九％）、モミ属（八一点、二五％）、それにカバノキ属三点、ハンノキ属のハンノキ節及びヤシャブシ節が一点ずつである。これをそのまま見るとトウヒ属―カラマツ属―モミ属の三者からなる亜高山あるいは亜寒帯性の針葉樹林であったことがわかる。

図1-4　発掘された埋没樹木の株（仙台市教育委員会、1989）

さらに詳しく見るために、倒木などを除いた埋没林自体を構成している株の大きさを調べていくと、カラマツ属は直径三〇センチを超える大きなものが多いのに対して、モミ属は巨木ともいえる一本を除いては直径二〇センチ以下の小さなものが占め、そしてトウヒ属は大きいものも小さいものも多いことがわかる。つまり、トウヒ属がいちばん優占していて大きなものも小さなものもあって、その中にカラマツ属は大きな木が目立ち、モミ属は数は結構多いが小さいものばかりであまり目立たない、という森林の光景が浮かんでくる。

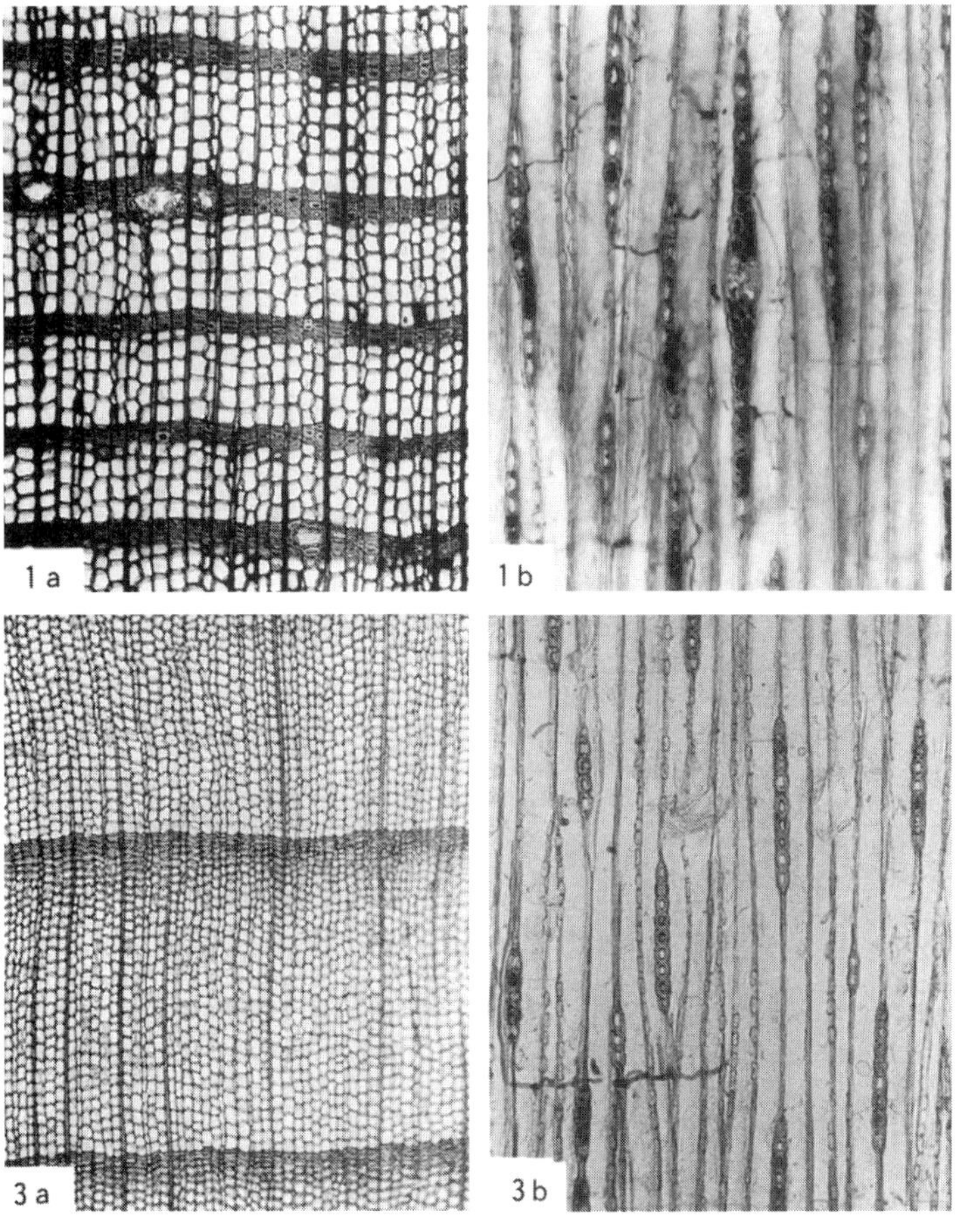

図1-5　富沢遺跡の氷期の木材化石の顕微鏡写真　aは横断面で40倍、bは接線断面で100倍。1：カラマツ属の幹。横断面では整然と並んだ早材部の仮道管と狭い晩材部には壁が厚く扁平な仮道管が3～4細胞層並んでいる。晩材部に垂直樹脂道が見える。接線断面では中央に水平樹脂道を持つ放射組織が見える。3：モミ属の幹。年輪は幅広く、早材からゆっくりと晩材部へと移行する。垂直、水平の樹脂道はない（能城・鈴木、1992）。

　ここで「トウヒ属」とか「カラマツ属」、「ヤシャブシ節」などとまるで民謡のタイトルのような慣れない呼び方が出てきて戸惑っている方も多いだろう。これは植物の分類の単位で、普通、ソメイヨシノとか、ヤマザクラとかいっているのが生物の基本単位である「種《しゅ》」で、これが集まって「属《ぞく》」という集団をつくり、それがまた集まって、「科《か》」となる。したがってソメイヨシノの場合はバラ科（あるいはサクラ科）サクラ属に属しているというように表す。ヤシャブシ節の「節《せつ》」というのは属の中の小分けでやはりいくつかの種が集まって節を成し、カバノキ科ハンノキ属ヤシャブシ節となる。

　さらに、トウヒ属を例にすると、この属には北海道に生えているエゾマツ、アカエゾマツ、本州にはハリモミやイラモミ、特にヒメバラモミやヤツガタケトウヒなど八ヶ岳近辺にだけ生えている種もあり、日本には七種、世界には三四種がある。現在の種を比べてみても、エゾマツとヤツガタケトウヒでは分布している場所が違うし、ハリモミでは生育環境も少し違う。だから、同じ属でも、種のレベルまでがわかればその方が古環境をより正確に知ることができる。ところで、木材での同定結果が「トウヒ属」であるということは、富沢遺跡の木材がこの日本あるいは世界にたくさんある種の中のいずれか、はたまたこれ以外、すなわち絶滅した種のものなのかはわからないということである。これは木材の構造で同定した場合、トウヒ属であることはわかるが、その中のどの種であるかは、木材組織の情報量が少なくて、一つ一つの種を区別できないため、わからない、という

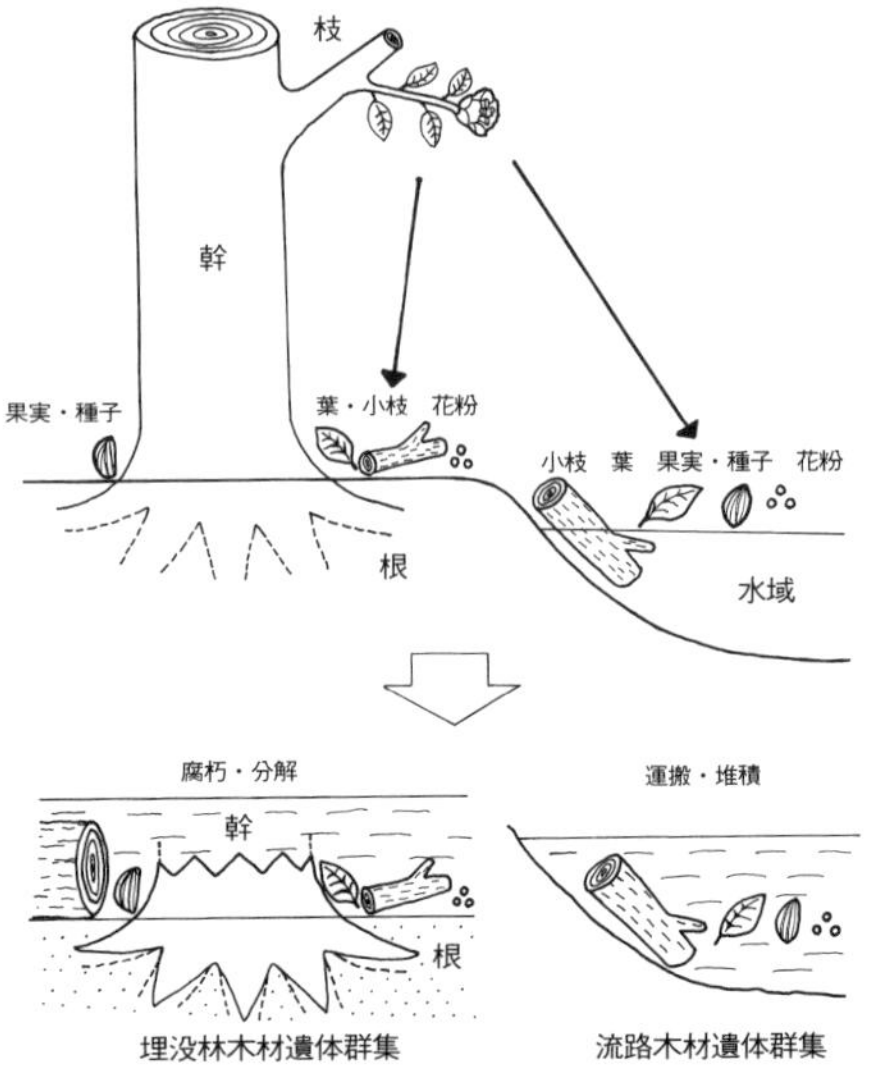

図1-6　植物が化石になるまで　植物の化石は各パーツがバラバラになって地層に埋め込まれ、発掘される。

ことである。では他に種を知る方法はないのだろうか？

木材、花粉、種実遺体、それぞれの長所と短所

化石から昔どんな植物が生えていたかを知るには、化石を取り出してその種類を調べるわけだが、植物は、特に樹木は大きいので、植物体丸まるが化石となって出てくることはまずない。普通、木材、葉、松笠（難しくは球果という）、種子、花、花粉などがバラバラになって地層中に含まれることになる。これらのどの部分であってももとの植物を探る手がかりになるのだが、花を見てソメイヨシノとヤマザクラはたいていの人が区別できたとしても葉っぱ一枚で両者を区別できるのは相当な知識がある人に限られる。このことからもわかるように、どの部分からでももとの植物の種《しゅ》まで行きつけるわけではない。トウヒ属でいうと、種子ではトウヒ属であることを決めるのもちょっと難しく、木材と花粉では属

のレベル、葉ではバラモミ節などもう一段詳しく、結局球果でいちばん詳しく、種まで決めることができる。ちなみに、花は化石としてほとんど出てこないし、出てきてもほとんどの場合に壊れているので、まず同定に耐えない。

また、今、植物の部分を並列に並べたが、これらの化石を研究するにはその部分によって異なった方法をとらねばならない。肉眼で観察して同定するのは球果、葉、種子であるが、詳しく観察するためには虫眼鏡と実体顕微鏡を使う。木材の化石は大きいので出てくれば肉眼でもちろん見えるが、肉眼でいくら観察しても何の木かはわからず、切片を切って、顕微鏡で見るしかない。花粉は直径が数十マイクロメートルしかないから肉眼で見えるはずもなく、それが含まれている堆積物をとってきて酸などで処理し、遠心分離機にかけるなどして花粉だけを取り出して、顕微鏡で高倍率で観察する。

このようにどれを調べるかによって、同定の精度も研究法も違う。花粉はおよそどの地層にも含まれているので、どこでも研究できる一方、黄砂に乗って中国の植物の花粉が飛んでくることからもわかるように、遠くから風に運ばれてくるので、分析の結果、そこに生えていないものも出てくる。種実や葉などは壊れていてなかなか完全な形をしたものが見つけにくいし、立体構造を壊さないためにはアルコール漬けで瓶に保存するなど、資料整理にコストがかかる。木材は大きいとどの地層から出てきたのか細かく分けられないし、掘り出すのとその後の試料の保存にコストがかかる、など、いずれの方法にも得失がある。だからどの方法で調べるかはそれぞれの目的に応じて選ぶことになる。

木材の化石は、埋没林などでは埋没林をつくっている木自体を調べることになるし、木製品など、人間の木材利用を直接知ることができるという大きな利点がある。だから、埋没林を構成している樹種を知ろうというときには、木材を顕微鏡で調べて属を同定した後、その属の何という樹種であるかはいっしょに出てくる球果を調べるのがよいことがわかる。幸いなことに埋没林と同じ面の地層からは球果の化石もたくさん出てきている。

富沢遺跡から出た球果の化石の種類はなにか？

トウヒ属とカラマツ属の球果は成熟した後も枝先に残っていて、何年か経つうちに少しずつ落ちていく。この二つの属の球果の特徴は落ちるときにバラバラにならず、丸ごと落ちることである。それに対してモミ属では中心の軸を残して鱗片がすべてバラバラになって落ちるので、バラバラの鱗片からモミ属であることはすぐわかるのだが、モミ属のどの種類であるのかを同定するのは難しい。

富沢遺跡からは一九〇〇個ほどの球果が出土した。それを研究した故福島大学名誉教授鈴木敬治先生は、大部分（約一五〇〇個）が現生種のいずれとも違うトウヒ属の絶滅種だとして富沢遺跡に

図1-7　球果のつきかた　トウヒ属の球果は下向きにつき（アカエゾマツ＝左、北海道大学雨竜演習林）、カラマツ属の球果は上向きにつく（グイマツ＝右上、サハリン）、モミ属の球果も上向きにつくが、鱗片がバラバラになって落ちる。（モミ＝右下、東北大学附属植物園）

ちなんで「トミザワトウヒ」と名付けて発表した（Suzuki, 1991）。同時にこれとちょっと異なるコウシントウヒと名付けた化石種も五〇個ほどあり、残り三五〇個はカラマツ属のものであることがわかった。トミザワトウヒは現生のアカエゾマツによく似ているが鱗片の形などが少し違い、一方、八ヶ岳方面にだけ分布しているヤツガタケトウヒにも似ているが球果が小さいなどで別種とされたものである。コウシントウヒの方はやはり八ヶ岳方面に生育しているヒメバラモミに似たものだが、鱗片の形が少し違うので区別されたものである。また、カラマツ属の球果は

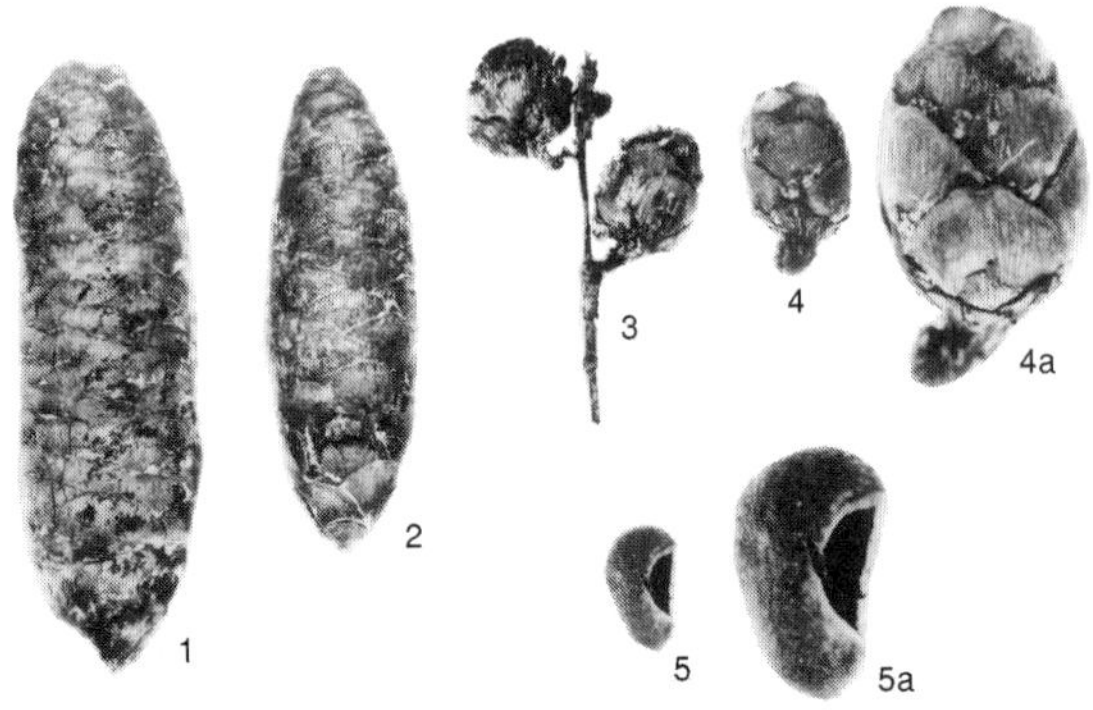

図1-8　富沢遺跡の球果と種子　1：トミザワトウヒ（×0.63）、2：コウシントウヒ（×0.56）、3・4：グイマツ（3＝×0.34、4＝×0.36）、5：チョウセンゴヨウの種子（×0.64）、右の孔はネズミにかじられた痕。4a、5aは4と5のそれぞれ2倍の大きさで示してある（鈴木、1992）。

その大部分が南千島、サハリン（樺太）に分布するグイマツに、そして二個が本州中部に生育するカラマツによく似たものと同定された。グイマツの球果はカラマツのそれより小さくて鱗片の数が少なく、また先端が反り返らないことで区別される。

DNAで樹種を同定する

以上の球果の同定結果を見ると、この埋没林のトウヒ属というのはほとんどが絶滅したトミザワトウヒで、またカラマツ属というのは日本に自生しないグイマツということになる。しかし、今述べたように化石となった球果の形態（形、大きさなど）ではトミザワトウヒとされているものは現生のアカエゾマツにもヤツガタケトウヒにも似ているし、グイマツとされても本当に千島、サハリンに生育するものと同じものなのか若干の疑問が残る。そこで化石からDNAを取り出して現生のものと直接比較することも試みた。

　そのためには現生種でまず、できるだけ短い区間のDNAの配列を読みとれば各種類がそれぞれ区別できるところを見つけ、その特定の領域（葉緑体DNAの一部）を化石から取り出して読み取るのである。大ヒットしたSF映画ジュラシックパークは一億年という単位の化石からDNAを取り出してそれからもとの生物を再現する話だが、現実はそう簡単にはいかない。わずか二万年前の化石からDNAを取り出すのも至難の技なのである。生物が死ぬと同時に体の分解が始まるが、DNAの分解も同時に起こる。DNAはチミン（T）、シトシン（C）、アデニン（A）、グアニン（G）という四つの塩基が長く鎖につながったもので、それらの配列順序が遺伝情報になっているのだが、分解されてこれがぶつぶつと切られ短くなってしまうともとの遺伝情報は失われてしまう。化石というものはたいへん運よく分解をまぬがれて地層中に保存されてきたものだが、その中にDNAもひどく分解されずに残っているのはさらに運がいいものである。その上、こちらが希望する領域がちょうどうまく壊れずに残っているとなると、もっと運がよくなければならないことになる。運のよさと言ったら宝くじで一等を当てるほどではないにしてもたいへんわずかな確率なのである（私たちは宝くじには当たったことがないが、DNAには当たった！）。

　このような運のよさを現実のものとするには、できるだけ好条件をそろえて実際に繰り返し試みることである。幸いなことに東北地方のこの時期の埋没林には保存状態が良好な球果や葉の化石がたくさん出てきている。大学院生の小林和貴君がたくさんの資料を集めてきて、DNAの抽出と解読を試みたところ、青森県津軽半島に位置する木造町出来島海岸の崖にある約二万五〇〇〇年前の埋没林から得られたアカエゾマツによく似た球果の塩基配列は現生のアカエゾマツに一致し、同じ青森県の三戸郡新郷村の十和田火砕流中から得られた葉のＤＮＡはヤツガタケトウヒと一致したのである（**Kobayashi, et al., 2000**）。これは、ヤツガタケトウヒとアカエゾマツはこの頃すでに別の植物となっていて、アカエゾマツが東北地方にも分布していたし、またヤツガタケトウヒあるいはそれに近縁なものが今の分布域から遠く離れて本州の北端まで生育していたことを示している。

残念ながら今のところトミザワトウヒ自体からＤＮＡを取り出し、それで同定することはできていないが、このような試みを続ければ、近い将来、トミザワトウヒをはじめ、最終氷期の日本列島に繁茂していて埋没林となっている針葉樹から、どれが絶滅し、どれが現生のものの直接の祖先であるか、それらの分布域が気候の変化とともにどのように移り変わってきたのかといったことがわかるに違いない。

埋没林はどのくらい続いたか？

富沢遺跡の埋没林の写真（カラー口絵１）を見るとクモの巣が張り巡らされたかのように根株がびっしりとあるので、さぞかし鬱蒼とした森林だったのではないかと思われることだろう。ところが、これらの樹木が生えている面（当時の地表面）を詳しく見ると、少なくとも二六層と二五層の二つがあり、その中間的な位置に根を張っているものもあることがわかった。これらの放射性炭素年代を測定したところ、二万四〇〇〇年前〜一万九〇〇〇年前という値が得られた。

放射性炭素年代測定（炭素14法）とは、炭素の放射性同位体である^{14}Cが崩壊していくときに半減期五五七〇年ごとに半分に減っていくことを利用したもので、試料の状態や測定法などで多少の誤差は出ることがある。この年代値を参考に、堆積の状態などを詳しく検討した結果、ここでは木が生え変わりながら約三〇〇〇年のあいだ森林が続いていたこと、そして、約二万年前に洪水によって土砂に埋もれて森林がなくなったことがわかったのである。

この遺跡では焚き火跡の他に、シカの糞、昆虫の翅なども出ている。焚き火跡の炭化材の樹種を

図1-9　青森県木造町出来島の埋没林（約25000年前）のトウヒ属の球果　形態からはアカエゾマツに同定され、DNAもアカエゾマツと一致した。

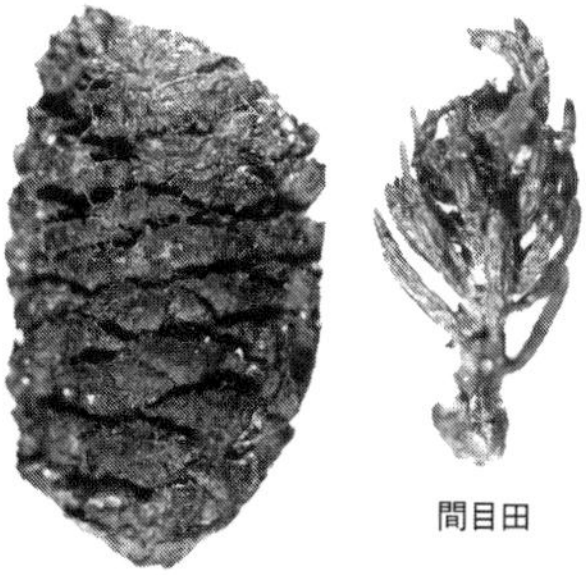

図1-10　青森県三戸郡新郷村の八戸火砕流に埋もれた埋没林（約12650年前）のトウヒ属の球果　形態からヤツガタケトウヒと同定され、DNAもヤツガタケトウヒに一致した。

調べたところ、カラマツ属であった。してみると、約二万三〇〇〇年前のある日、われわれの祖先が獲物を追ってこの富沢の地にやってきて、キャンプをし、焚き火のまわりで石器をつくり、語り明かしてまた旅立っていったことだろう。そのような情景を映画とジオラマで再現し、出土品、そして埋没林そのものを展示し、一方、館外の敷地には植物化石の研究から復元された古植生に基づいて当時の氷河時代の森を忠実に復元した植生をつくっている博物館が「地底の森ミュージアム」（正式名は仙台市立富沢遺跡保存館）である。二万年前にタイムスリップできること請け合いで、是非訪れてほしい。

2　その他の氷河期の埋没林

火山の噴火から埋没林の年代を知る

富沢と同じ頃の埋没林というのは全国的に見つかっている。実は約二万四五〇〇年前（池田他、一九九五）頃に南九州の、今は鹿児島湾のいちばん奥（北）の部分にあたるところにある姶良《あいら》火山が巨大噴火を起こした。鹿児島県の地図あるいはランドサットの写真などを見るとよくわかるが、鹿児島湾のいちばん北の部分は桜島によってくびれていて、この部分、よく見るとほぼ円形をして

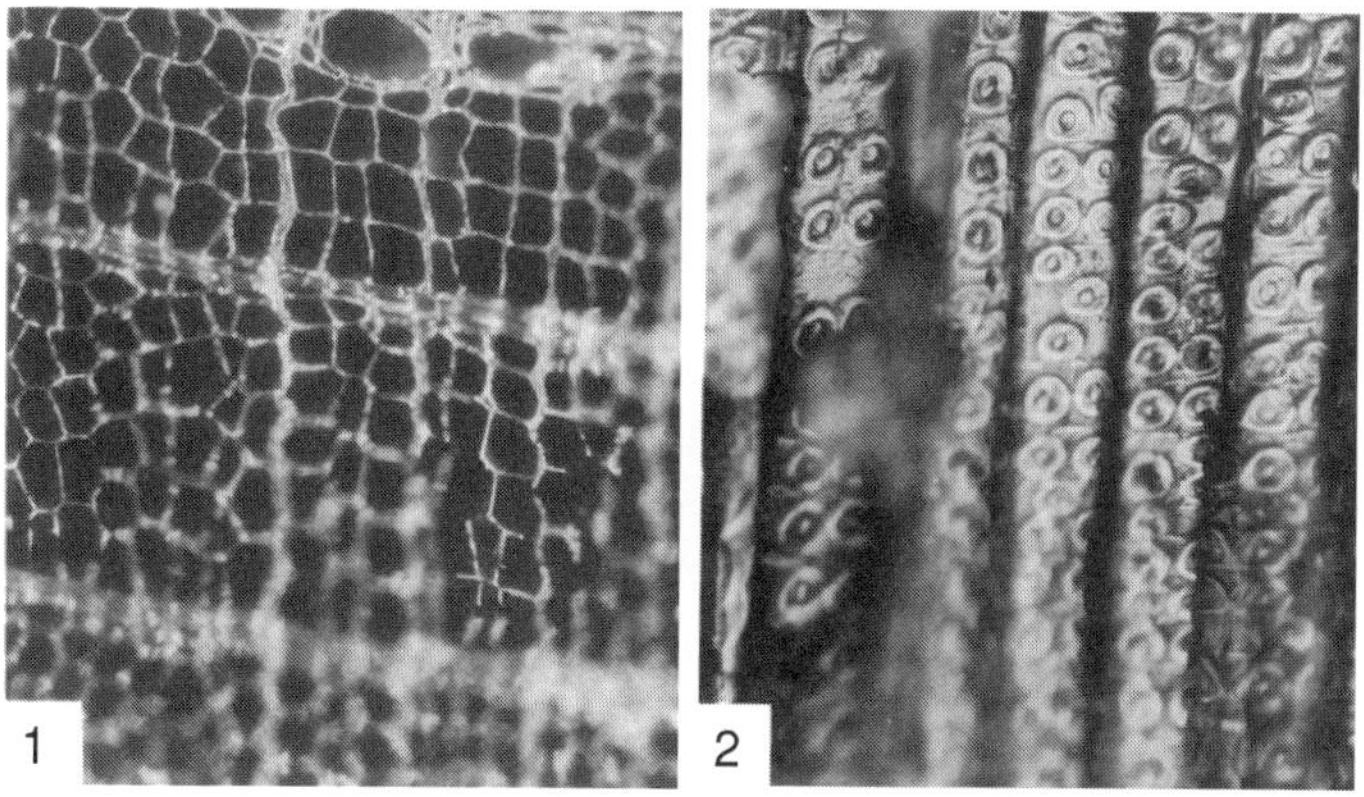

図1-11　富沢遺跡の旧石器人の焚き火跡のカラマツ属の炭
（反射顕微鏡写真）　1は横断面、2は放射断面。1では壁が薄く大きな四角形の断面をした早材部の仮道管と、壁が厚く扁平な晩材部の仮道管からできており、上部に3本の垂直樹脂道がある。2では二重丸の形をした有縁壁孔が仮道管の放射壁に縦に2列に並んでいる（能城・鈴木、1992）。

いる。これは姶良火山のカルデラなのである（鹿児島湾自体、いくつかのカルデラがつながって湾ができている）。このカルデラの南縁にできた火山が桜島というわけである。

　さて、この姶良火山の巨大噴火は南九州では火砕流や熱雲を招き、それこそ生き物一つ残らない状態になっただろうと想像されるが、その噴火によってテフラ（火山から噴火によって空中に舞い上がったものをすべてテフラという。火山近くでは巨石や溶岩の塊が落ちてくるし、少し離れると軽石などが落ちてくる。遠くなればなるほど落ちてくるものの粒は小さくなっていわゆる「火山灰」となる）は高く舞い上がり、西風に乗って北東に流され、北海道を除く日本列島全域に降りそそいだに違いない。降り積もったテフラの層は西日本では厚く、北へいくほど薄くなっていて、次に述べる板井寺ヶ谷遺跡では厚く一〇センチもあり、関東地方では薄くなって、東京都中野区の北江古田遺跡では三センチほど、本州最北端の青森県津軽半島の出来島海岸では一～二ミリ程度とやっと認められるほどに薄くなっている。ただ注意しなければならないのは、地層中で認められる厚さは実際にテフラが降ったときに比べるとたいへん圧縮されて薄くなっているのであって、地層中に認められるほどの量があるということは実際に降ったときにはかなりの量があったことを示す。降り積もったテフラは、植物の生活はもちろんすべての生き物に影響を与えただろうし、それは人間の生活を脅かすように働いたことだろう。

この火山の噴火がちょうど氷期のうちでもすごく寒かった頃に起きていて、大気圏に舞い上がった大量のテフラは日照を減らすように働くために、これが地球寒冷化促進の一因になったと考える人もいる。ともかく、このテフラ（これを姶良丹沢火山灰、あるいはATと略称している、町田・新井、一九七六）が見つかる上下の地層にしばしば埋没林が見つかるのである。

西日本の埋没林、板井寺ヶ谷遺跡

兵庫県の丹波篠山の北西、西紀町に板井寺ヶ谷遺跡というのがある。そこではATの上下に埋没林があって、その樹種は森林総合研究所の能城修一博士が調べたところによるとカバノキ属がいちばん多く、ハンノキ属のハンノキ節、トウヒ属、ヤナギ属、カエデ属、トネリコ属、アジサイ属などである（Ooi et al., 1990）。球果の化石が出ていないのでトウヒ属の樹種は残念ながら不明である。この埋没林は富沢遺跡とほぼ同時期であるが、針葉樹がずっと少なく落葉広葉樹が大部分を占めていることから亜寒帯性～冷温帯性の森林があったと想定される。これは板井寺ヶ谷遺跡が富沢遺跡よりはるかに西南にあるので気候的に暖かかったこととしてうなずける。

東京都江古田の泥炭層

東京付近では埋没林として根張りしたものこそ知られていないが、やはりこの時期の泥炭層などから木材が出土して当時の森林のようすを知ることができる。

東京都中野区の北江古田遺跡は神田川の上流江古田川のほとりにあり、現在北江古田公園として整備され、地下が洪水調整池になっている。江古田川はこのすぐ下流で妙正寺川と合流するのだが、この付近一帯の川沿いの低いところには泥炭層が露出し、その中から寒い時期の植物化石が出土することが古くから知られていた。戦後間もなくこれを研究した直良信夫先生（明石原人の研究者で有名）はそれ以降の泥炭層と区別してこれを「江古田第一泥炭層」と呼んだ。この泥炭層から出てくる植物化石はメタセコイアの発見者三木茂博士の研究によるとカラマツ、イラモミ、トウヒ、チョウセンゴヨウが多く、寒冷な時期のものであることがわかる（Miki, 1938）。私たちの北江古田遺跡の調査によると江古田第一泥炭層に相当するD層は約二万二〇〇〇年前のもので、そこから出た木材化石の組成はトウヒ属が約五〇％、カラマツ属が二〇％、マツ属の五葉松類が三％と針葉樹が四分の三を占め、残りはハンノキ属のハンノキ節が一〇％ほど、それにハシバミ属、サクラ属その他の落葉広葉樹である（鈴木・能城、一九八七a・b）。

トウヒ属の球果を詳しく検討した南木睦彦博士はこれらが現在八ヶ岳周辺に生育しているヒメマツハダ（現在ではヤツガタケトウヒと同じものであるとされる）によく似ているが少し違うので、「ヒメマツハダ近似種」として報告した（南木、一九八七b）。三木博士がイラモミとしたものはどうもこれに相当するようだ。南木博士によるとこの「ヒメマツハダ近似種」とされるトウヒ属の球果は北江古田遺跡だけではなく、広く関西から関東地方のこの時期の泥炭層からしばしば見つかっており、この種類が当時のトウヒ属の主要な樹種であったことが知られている。カラマツ属とした化石の方は保存が悪くて大部分は全体の形がよくわからない状態で、唯一ほぼ完全な形をしているものは鱗片の先が反り返らず、グイマツに近い形をしている。しかし三木博士が「カラマツ」としたものは鱗片の先が反り返っていてまさしくカラマツである。また、木材化石の五葉松類に対応する種類としては葉の化石から「ヒメコマツ」が同定されているが、葉での識別には問題が残る。三木博士はチョウセンゴヨウの種子を見いだしており、これである可能性が高い。

このように見てくると、関東地方ではカラマツ、トウヒ属の「ヒメマツハダ近似種」、チョウセンゴヨウなどの針葉樹に落葉広葉樹を交えた冷温帯性の針葉樹―広葉樹の混交林（ちょうど北海道の大部分に見られるエゾマツ、トドマツと広葉樹の混じった林に似ている）があったようだ。

東北地方の埋没林

先に鹿児島県の姶良火山の大噴火を紹介したが、国立歴史民俗博物館の辻誠一郎先生（一九九一）は、テフラのすぐ下とすぐ上の堆積物の詳細な花粉分析をおこない、この火山噴火が広く全国的な規模で森林植生に大打撃を与え、それまでの寒冷な気候下でどうにか成立していた森林が失われ、降灰後しばらくは草原―低木のみが生えているような状況であったことを明らかにしている。

植物がぎりぎりの環境下でなんとか生活しているところにほんのちょっとした環境の悪化（気温の低下、乾燥など）や人為（伐採など）が加わると、それこそ急坂を転げ落ちるように取り返しのつかない植生破壊に結びつくことがよくある。近年経験した稲作北限地での冷夏による凶作などもその例で、気候の温暖なところではそのくらいの気温の低下はなんでもないのだが、限界地ではその影響がはっきり出るわけである。この姶良火山による降灰は大気中に飛散して日照の低下をもたらし、物理的に植物を埋め、土壌を酸性化させて植物に二重、三重に悪影響を及ぼしたのだろう。

さらに、火山の集まりでできているような日本列島、火山の噴火はなにも姶良火山だけではない。東北地方の景勝地といえば奥入瀬《おいらせ》、十和田湖を誰しも思い浮かべるだろう。十和田湖畔のお土産屋さんで絵はがきを買うと十和田湖を上空から写したものが必ず入っているのでこれをじっくり見てほしい。雪が積もった情景があるとその方が地形がよくわかるのだが、最近はこの写真は見かけない。いずれにしてもこれらの写真を見ると、湖の南東側から中山、御倉の二つの半島が両手でボールを軽く持つような格好に突き出ていて、この真ん中の中湖が丸い火口であり、また湖全体がカルデラであることに気づくだろう。これが「十和田火山」なのである。

十和田火山は過去数万年のあいだに大きな噴火を何回も繰り返し、大量の噴出物を特に東側に堆積させている。その中で大きな噴火の最後といえるのが約一万二六五〇年前で、その時の堆積物は十和田八戸テフラと呼ばれている。十和田市と八戸市、それに三戸町を結んだ三角形の中に入る地域にはこの堆積物におおわれた埋没林が広く分布している（カラー口絵4）。また、このテフラの中に炭化材が大量に含まれている地点もある。それら埋没林の樹種は能城修一博士らによると仙台の富沢遺跡同様、トウヒ属とカラマツ属が優占した針葉樹林である（Noshiro et al., 1997）。これらの埋没林の年輪年代を研究

図1-12　火砕流に巻き込まれ蒸し焼きになった炭化材（青森県三戸郡新郷村浅水川上流）

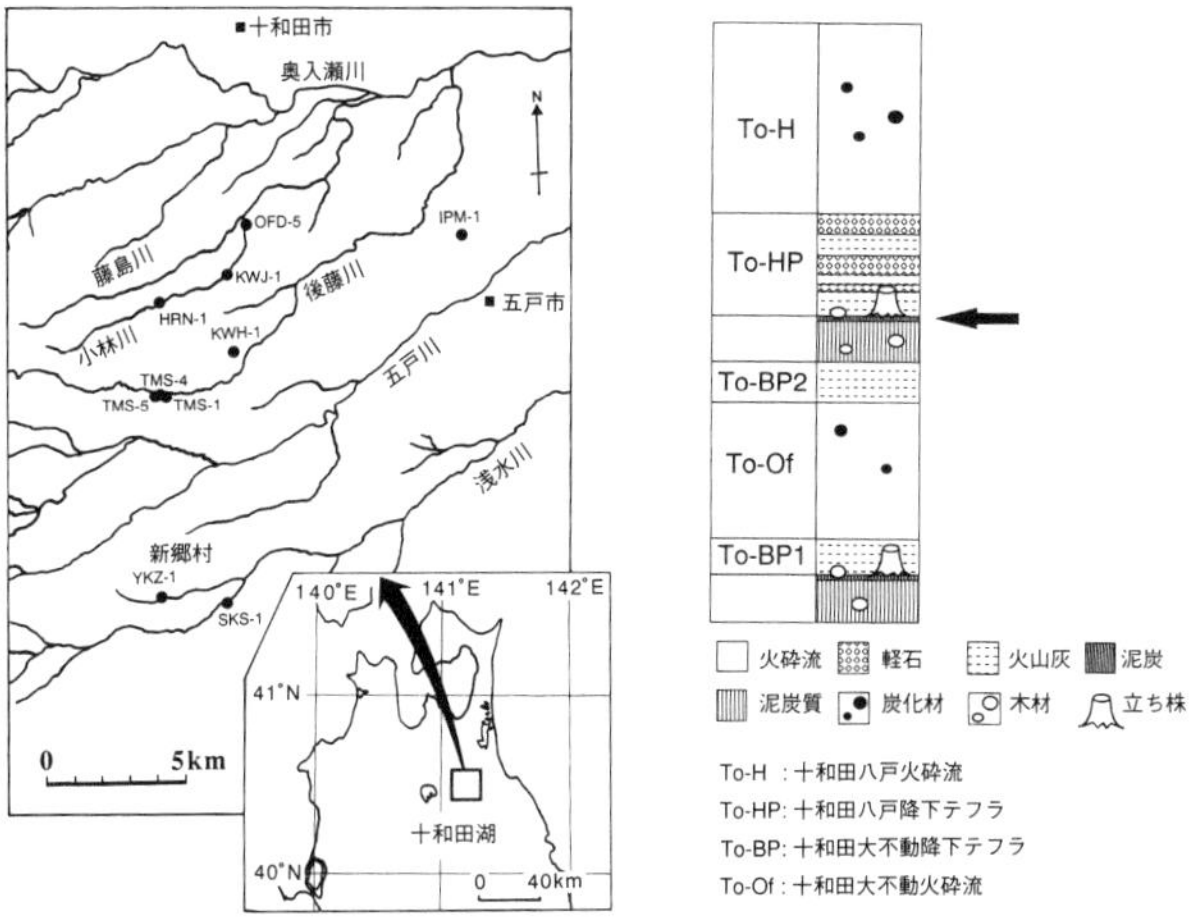

図1-13　十和田火山東麓の埋没林の調査地点　浅水川、五戸川、後藤川、藤島川などの流域にある。右は埋没林の層序模式図。矢印の埋没林が調査された（寺田他、1994）。

した当時金沢大学の大学院生であった寺田和雄君は、年輪幅の変動から、埋没林の木々が約一万二六五〇年前のある年に同時に死んだことをまず明らかにし、次に最後の年輪の詳細な検討からその年の冬に死んだことも明らかにした。すなわち、約一万二六五〇年前のある年の冬に十和田火山の大噴火があって、それまで十和田火山の東麓に拡がっていたトウヒ属・カラマツ属を主体とする亜寒帯性の針葉樹林を一挙に埋め尽くし、また、火砕流がなぎ倒し巻き込んだ樹木を蒸し焼きにして、あたり一面をまったく死の世界に変えてしまったわけである。

　このような噴火は植生を破壊するだけではなく、旧石器人の生活に深刻な影響を与えたことだろう。われわれの祖先はそのような時代を生き延びてきたのである。

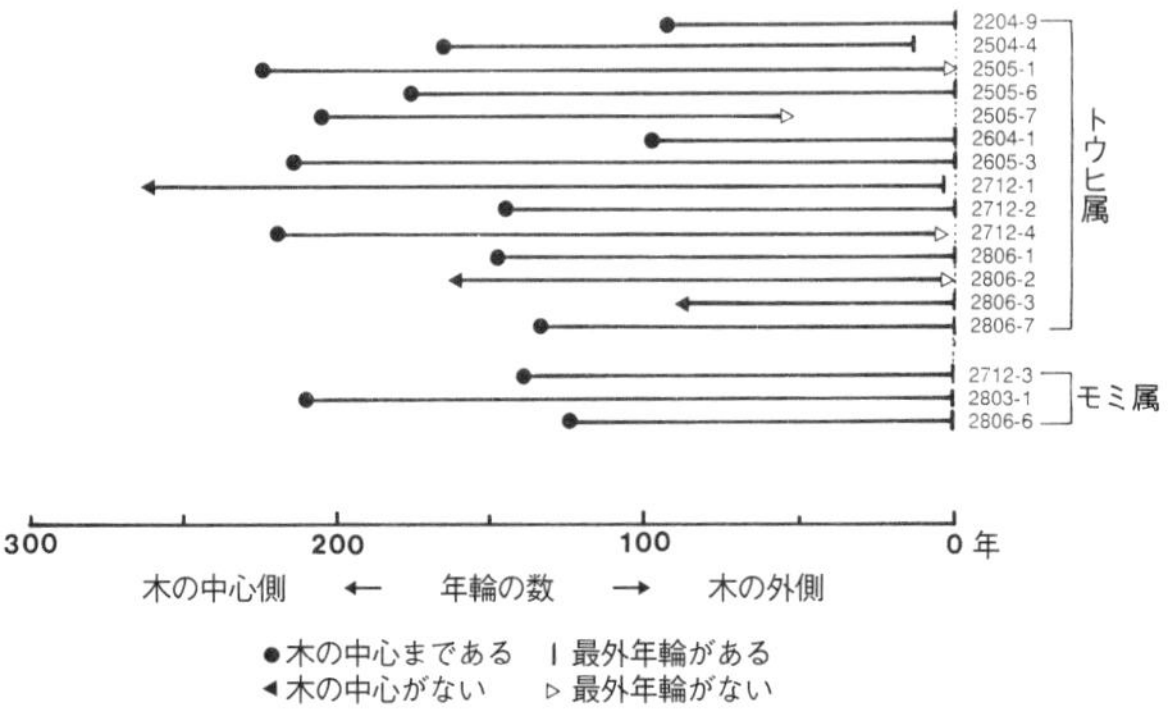

図1-14　埋没林の年輪年代　0年のところに最外年輪を持った木が11本あり、これらがこの年に一斉に死んだことを示している（寺田他、1994）。

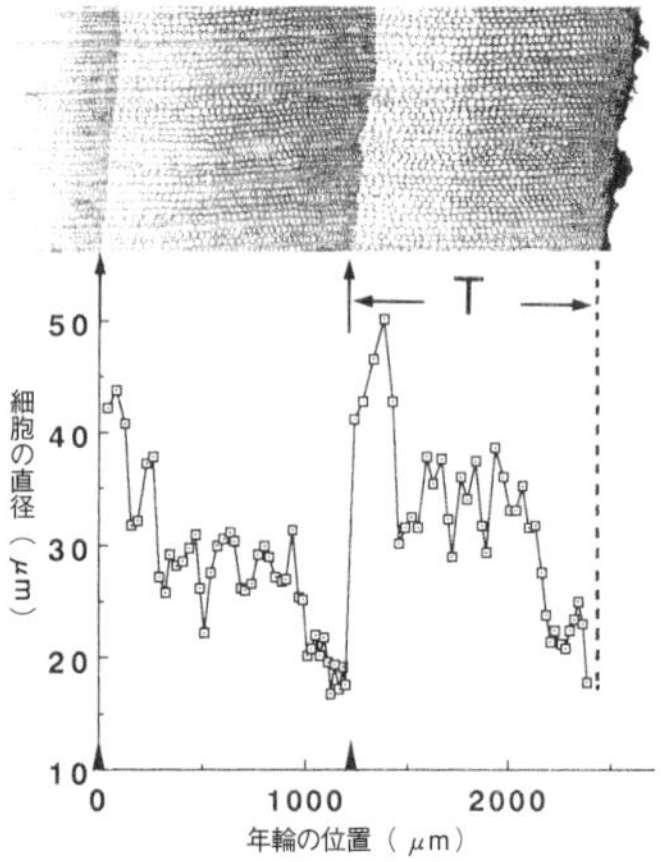

図1-15　一斉に死んだうちのモミ属の1本の最外年輪の構造
枯死前年の年輪を見ると春につくられた仮道管の直径は大きく、だんだん直径が小さくなり、秋にいちばん小さな仮道管をつくって休眠に入る。最外の年輪（T）では秋のいちばん小さな仮道管がつくられたところで死んでいることがわかる（寺田他、1994）。

2章　最終氷期から縄文時代へ、気候の変遷

1　氷河時代が終わって気候はどう変化したか?

最終氷期の日本海は巨大な湖のようだった?

日本海は日本列島とアジア大陸のあいだを隔てる広大な海で、いちばん深いところは四〇〇〇メートルもある。しかしその海水の出入口は九州と朝鮮半島のあいだの対馬海峡、北海道と本州を隔てる津軽海峡、北海道とサハリンのあいだの宗谷海峡、そして大陸とサハリンを隔てている間宮海峡と、四つの狭い海峡があるにすぎない。しかもそのいちばん狭いところの幅といちばん浅いところの深さを見ると、もっとも幅広い対馬海峡でも、対馬と九州のあいだの対馬東海峡は幅は五〇キロメートルと広いものの最深部でも一一〇メートル足らず、朝鮮半島と対馬のあいだ幅約九キロの大部分はやはり水深一〇〇メートルより浅く、対馬のすぐ西側に舟状海盆と呼ばれる細長い舟底状

の深い部分があるが、そこでも水深一四〇メートルくらいしかない。津軽海峡も竜飛岬と白神岬のあいだは二〇キロほどもあるが青函トンネルが通っているあたりでは深さは一四〇メートルくらいしかない。宗谷海峡は深さ六〇メートルくらいしかないし、間宮海峡にいたっては水深三〇メートル程度である。

現在の日本海はこのような浅くて幅の狭い海峡で出入口を締められているので海水の出入りは少ない。このことは大潮のときの干満の差が、東京湾では二メートル以上もあるのに対し、日本海側の金沢ではわずか五〇センチ程度であることからもわかる。それでも現在は対馬海峡から対馬暖流が流れ込み、日本海側を洗って津軽海峡、宗谷海峡から流れ出ているので東北、北海道の太平洋側では寒流の影響で水温が低く、海水浴もままならないのに対し、日本海側では小樽札幌付近でも海水浴ができ、サハリン南部のコルサコフはこの付近では最北の不凍港であることからも暖流の影響が見てとれる。

一方、日本海のシベリア大陸側は冬になると寒気が渡ってきて海面は極度に冷やされる。冷やされた海水は重くなり沈み込んでゆく。この沈み込みに対応して本州側では有機物を大量に含んだ深いところの海水が湧き上がってきて、これを餌にプランクトンが大量に発生して豊かな海の幸をもたらす。

日本海が雨と雪をもたらす

このように長々と日本海の状況を説明したのは、日本海がちょうどお湯があふれだした風呂桶のような構造であることを理解してほしいからである。蛇口（対馬海峡）からは温かいお湯がちょろちょろと入ってきて、それは風呂桶全面に薄く広がり、まわり（津軽海峡、宗谷海峡）からあふれているが、風呂桶の大部分の水は冷たいままで、わずかに対流があるにすぎない。これが寒い冬の日だと海面は温かいので、湯気がもうもうと湧き上がる。これが現在の日本海の状況である。

それでは約二万年前の氷河時代の寒冷期にはどうだったろうか。気温が低かったことにより氷河氷床が発達した分、海水が少なかったので海面は現在より低かった。どのくらい海面が低かったかについては八〇～一二〇メートルくらいの値がだいたい見積もられていて、一〇〇メートルというのが世界的に見てもいい線である。現在の海底地形図で深さ一〇〇メートルの線を結ぶと瀬戸内海、伊勢湾、東京湾はあらかた陸地であったことがわかる。日本海の海況を考える上で重要な対馬海峡は、対馬と北九州のあいだは浅いので陸続きになり、対馬のすぐ西側に深さ四〇メートル程度、幅数キロ程度の細長い運河のような海があって日本海が太平洋とつながっていたことがわかる。津軽海峡も同様で、それより北の宗谷海峡、間宮海峡は陸続きになってしまうので、いわば当時の日本海は今の黒海のように大海からはほとんど孤立していたことになる。

そして、黒海と違うもっとも大事な点は、日本海は比較的湿潤なところにあって、いくつもの河川が流れ込み、常に真水が供給されていたこと、当時の中国大陸を流れる黄河の河口は長崎県の五島列島の沖合付近にあったと推定されていて、そこに黄河の真水が大量に流れ出し、太平洋とつなぐ運河を真水で塞いでいたことである。これらによって日本海は大部分は海水だが、表面付近は真水に近い状態になっていたと考えられている。真水に近いと凍りやすい。氷河期の寒冷な気候条件下で冬の日本海の北側三分の一は氷結していたと考える人もいる。いずれにしても氷河期には冬のお風呂のようにもうもうと湯気が立ち上る状況にはなく、その分日本海側の地域での冬の降雪量は今よりはるかに少なかったと推定されている。

氷河期の日本列島は寒乾？

一方、ここでは詳しくは述べないが、氷河期に地球全体が寒かったということは、大気の大循環が全般的に赤道の方に偏っていたこと、つまり日本列島に即していえば、温帯の前線帯が南下していたことになる。温帯前線帯（亜熱帯高気圧と北極圏の高気圧の境目）が日本列島を春から夏にかけて通過するから梅雨があり、夏から秋にかけて南下するから秋霖《しゅうりん》がある。そして夏には太平洋の高気圧にそって熱帯低気圧、つまり台風が訪れる。これらのすべての大気の擾乱《じょうらん》が日本列島に雨をもたらし、結果として湿潤な気候となっている。

ところが、最終氷期には前線帯が南下していたので梅雨も秋霖も、台風もなかったと推定される。日本海が冷え切っていたことで冬の降雪も少なく、結果としては日本列島全体が現在よりは乾燥していたといわれる。もっとも日本列島は大陸の東辺に位置するので、大陸内陸部に比べればはるかに湿潤であっただろうし、その結果として森林がまがりなりにも成立していたといえるのだが。

地球温暖化で湿潤に

氷河期が終わってなぜ地球が温暖化したのか、私は知らない。多少説明の試みはないでもないが、みんなが納得する説明は今のところないようだ。第四紀になって特に寒い時期（氷河期）と比較的温暖な時期（間氷期）が繰り返されてきたのだが、それらがいつも同じメカニズムで起きてきたのかわからない。

とにかく、最後の氷河期の約二万年前には現在より年平均気温が摂氏約八度くらい低かったといわれ、その状態から、最初は徐々に、そして一万年前を過ぎたあたりから急激な速さで地球が温暖化したのは事実である。一つの試算として、一万年前の気温は現在より約五度低く、そして七〇〇〇年前頃には現在とほぼ同じ、そして六〇〇〇年前には現在より二度も高かったという結果がある。この数字の詳細はその道の専門家にゆずるとして、ともかく、急激で大規模な地球温暖化が長期にわたって起こったことは確かである。その結果として大気循環が変わり、日本列島に梅雨前線も台

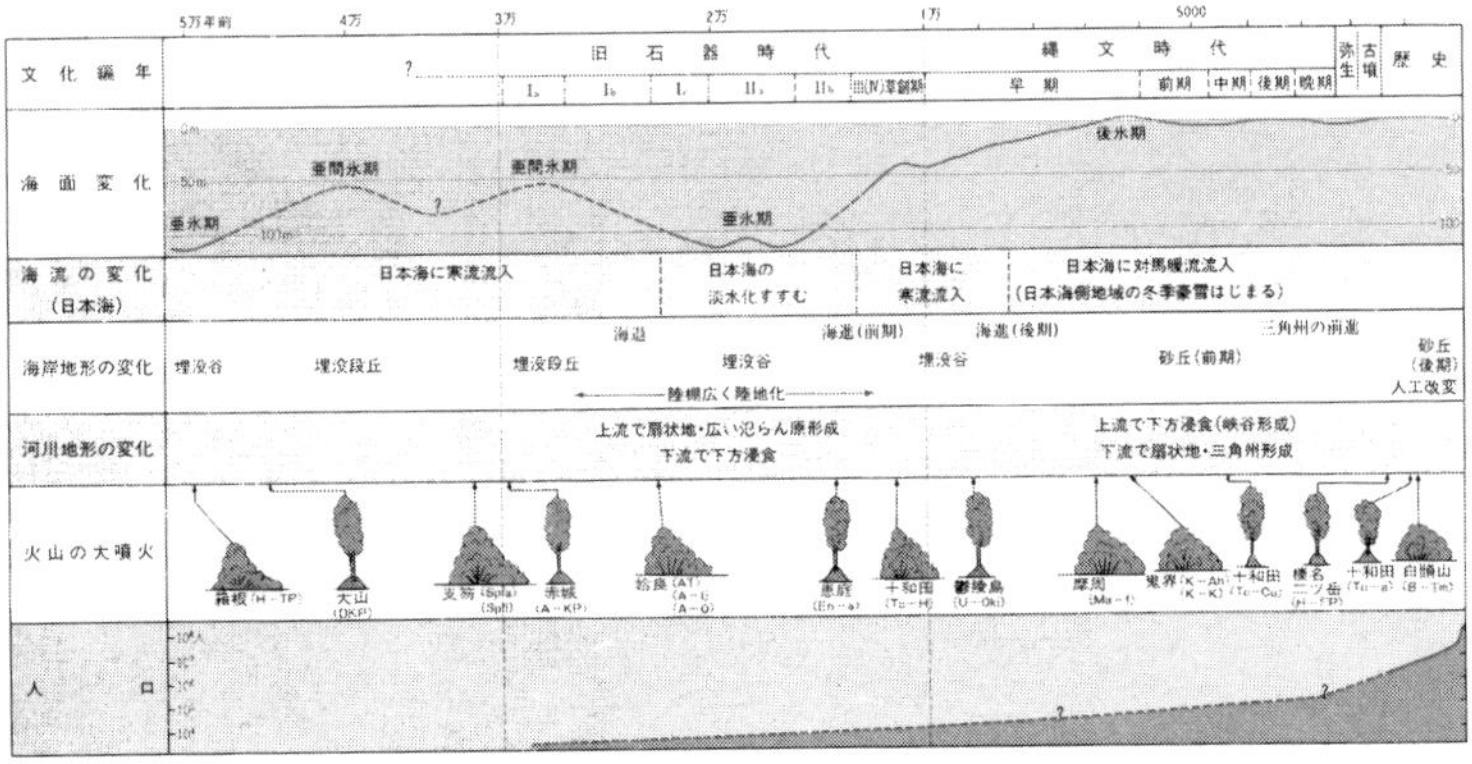

図2-1　過去5万年間の環境変動　（週刊朝日百科『世界の地理』60号「特集　日本の自然」、1984をもとに作図）

風もくるようになり、春から秋にかけての雨が増えた。

一方日本海はというと、温暖化により南北両半球を広くおおっていた大陸氷床が溶け出し、海水が増えて海面が上昇したことにより、対馬海峡も津軽海峡も大きく開き、対馬海峡には対馬暖流が大きく流れ込むようになった。私の金沢大学当時の同僚である大場忠道博士（現北海道大学）がおこなった日本海海底から得られた有孔虫の酸素同位体比の研究によると、それは約八〇〇〇年前とのことである（大場、一九八三）。それ以降、本州の日本海側は冬になると雨及び雪がどっと増え、湿潤な気候になったというわけである。

つまり、日本列島は氷河時代が終わると温暖化したばかりでなく湿潤化も進んだことになり、これが森林に大きく影響を及ぼしたことは間違いない。このときの温暖化による影響を詳しく検証することは、現在の地球環境温暖化の影響を予測するうえでたいへん参考になるに違いないが、ここでは本題を逸れるので、可能性の指摘に留めておく。

2　氷河期の森から縄文の森へ

主役は針葉樹から広葉樹へ

前章で日本列島の氷河期の森は本州の東北半分ではトウヒ属、カラマツ属、モミ属を主体にした亜寒帯性針葉樹林、西南日本ではこれらの針葉樹にチョウセンゴヨウマツ、そしてカバノキ属やハシバミ属、カエデ属など冷温帯性の針葉樹と広葉樹を交えた林があったことを述べた。

地球の温暖化により、これらの北方要素は衰退してゆき、冷温帯性の落葉広葉樹林に順次移り変わってゆくようすが花粉分析などにより詳しくわかってきている。図2-2は青森県八甲田山の田代湿原での花粉分析の結果である。いちばん下の堆積物の放射性炭素年代は約一万二〇〇〇年前で、氷河期が終わる頃にあたり、カバノキ属がもっとも優占し、トウヒ、モミ、マツ属も比較的多く、亜寒帯性から冷温帯性の林であったことがわかる。その後、カバノキ属や針葉樹が減ると、入れかわりにコナラ亜属が増える。それから、八五〇〇年前頃になると、今度はコナラ亜属が減ってブナ

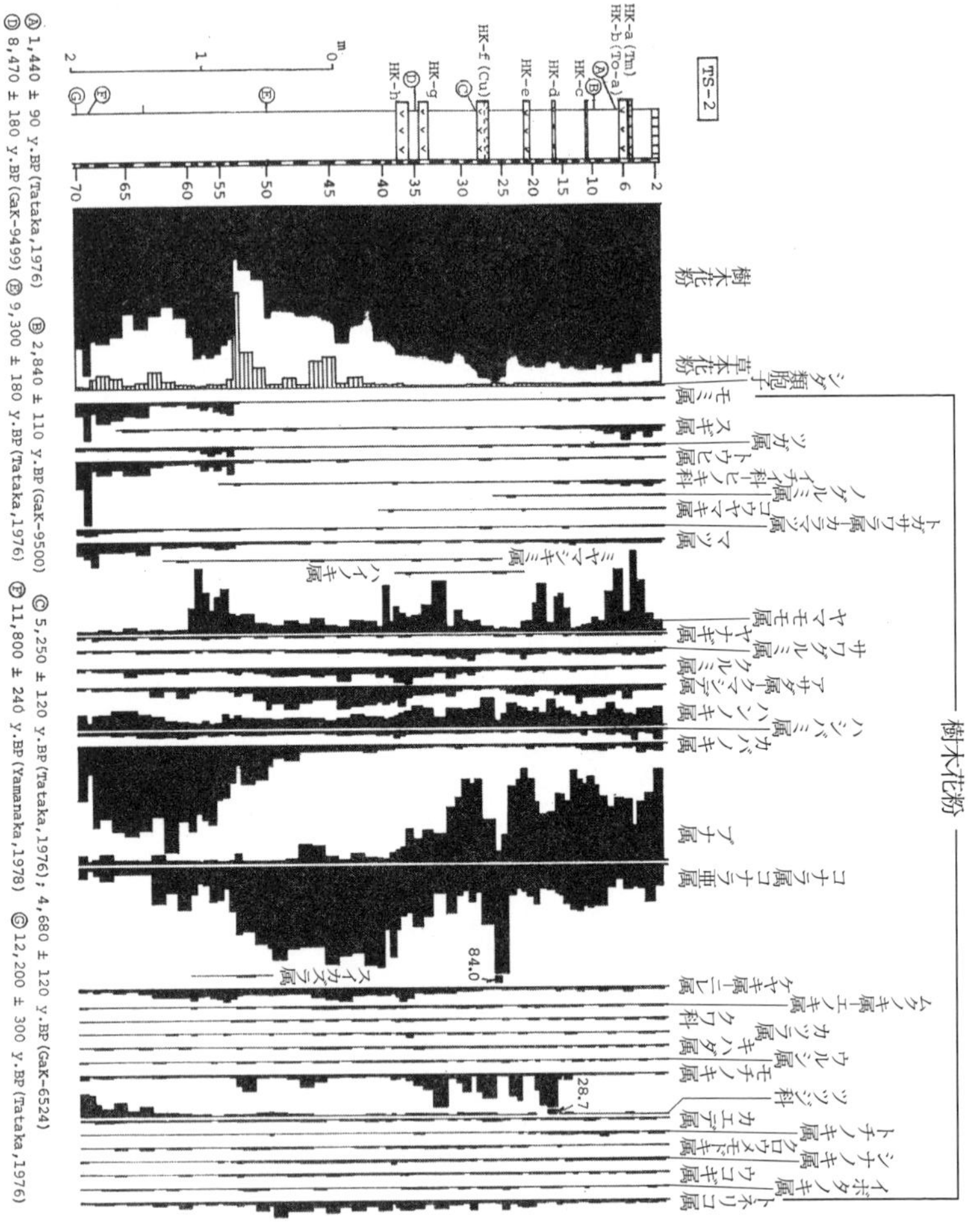

図2-2　八甲田山田代湿原の花粉分析結果　草本類の花粉と胞子は省略した。（辻他、1983より作図）

属が増え始め、それが基本的には現在まで続いている。つまり、現在の八甲田山のブナ林がその頃起源したことがよくわかる。

さらに、西日本では縄文時代前期には照葉樹林に変わっていくことが花粉分析などの結果からいわれている（安田、一九八〇）。このことは遺跡出土木材からも確かめられている。

鳥浜貝塚遺跡での森林の変遷

福井県若狭地方の三方五湖にほど近い鳥浜貝塚遺跡には後に詳しく登場してもらうが、ここから出土した縄文時代草創期から縄文時代前期までの自然木約三二〇〇点の樹種同定結果を見てみよう（能城・鈴木、一九九〇ａ）。

縄文時代の曙である草創期あるいはそれ以前の時期（図のS0期、放射性炭素で約一万一〇〇〇～一万二〇〇〇年前以前）はまさに氷河期が終ろうとする時期に相当し、ここ鳥浜貝塚遺跡ではトネリコ属がもっとも目立ち、それにニレ属、オニグルミ属、ハンノキ属などが優勢であった。このことから、当時、この付近の森林は、現在の東北北部、北海道などに見られるような冷温帯性の落葉広葉樹林であったことが推定できる。これが草創期（図のS2）になるとそれらが順次減少して、代わってイヌエンジュ、ナラ類、ブナ属、クリ、モクレン属などが増える。しかしこの両時期を通して広葉樹はいずれもが落葉樹であり、常緑樹は針葉樹のカヤ、イヌガヤ、スギなどしかない。

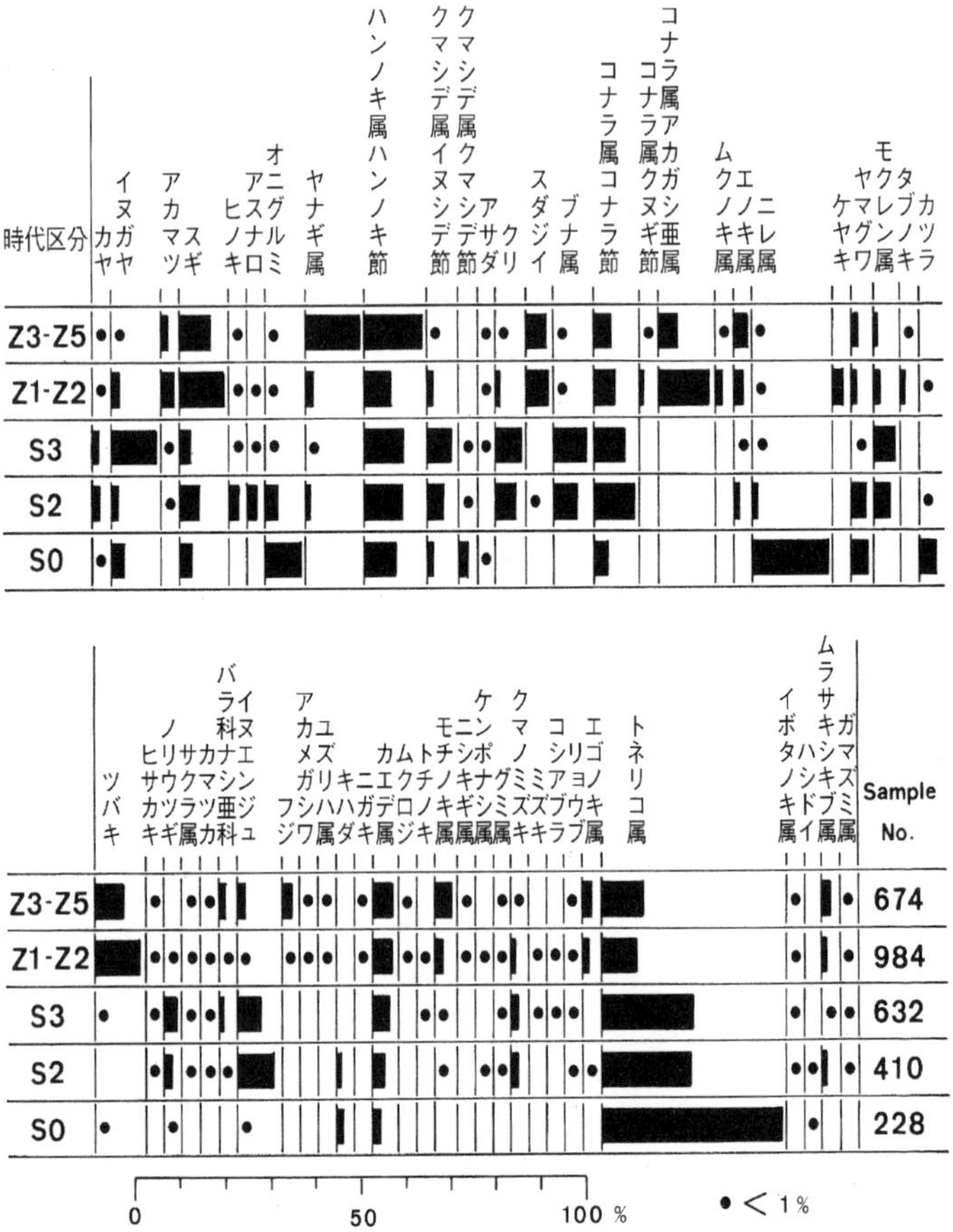

図2-3　鳥浜貝塚遺跡出土の自然木の組成変化　S0：隆起線紋以前、S2・S3：縄文草創期、Z1-Z5：縄文前期。（能城・鈴木、1990a）

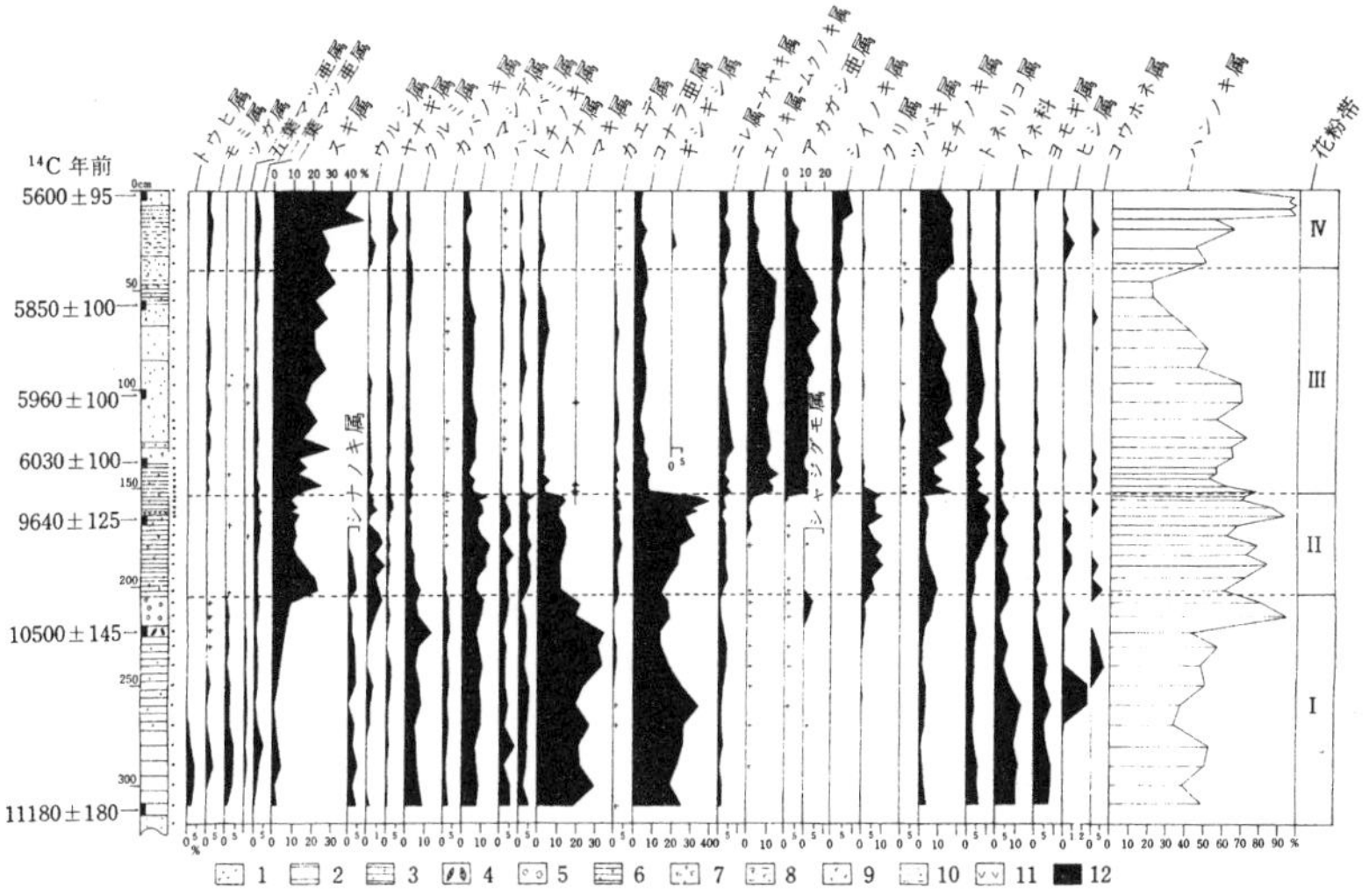

図2-4　鳥浜貝塚III区（海抜0m）の花粉ダイヤグラム　出現率はハンノキ属を除いた樹木花粉の総数を基数としてパーセントで表示。（安田、1980より転載）
1：青灰色粗砂、2：暗灰色粘土、3：褐灰色有機質粘土、4：褐色植物遺体の集積層、5：青灰色砂礫層、6：褐色有機質～泥炭質粘土、7：暗褐色砂質分の多い未分解泥炭、8：暗褐色砂質分の多い泥炭質粘土、9：暗褐色未分解泥炭、10：青灰色有機質シルト、11：白色火山灰、12：^{14}C年代測定試料採取点

そのような落葉広葉樹の組成が縄文前期になるとがらりと一変し、常緑広葉樹であるカシ類（アカガシ亜属）、ツバキがぐっと増え、ユズリハ属、モチノキ属、タブノキなども現れるようになる。そして落葉広葉樹でも温暖地に多いムクノキ、ムクロジなども現れる。また、この時期の特徴はスギが増えることである。

このことは、花粉分析の結果からも知ることができる（図2-4）。花粉帯Iは木材化石のS0期に相当するが、花粉ではブナ属、ついでコナラ亜属がほかを圧して優占している。それが花粉帯Ⅱではブナ属とコナラ亜属の関係が逆転し、クリとスギが増えてくる。そして、縄文時代前期に相当する花粉帯Ⅲでは、まったく様相が異なり、アカガシ亜属、それにエノキ属―ムクノキ属（花粉ではこの両者の区別は難しい）、モチノキ属、シイノキ属、それにスギが多くなる。つまり、草創期までは冷温帯落葉広葉樹林であったものが、縄文前期になると様相が一変して照葉樹林となったことがわかる。残念ながらここでは草創期と前期のあいだの早期（約九〇〇〇～六〇〇〇年前）の地層がほとんどないため、この中間段階は調べることができなかったのだが、地球温暖化にともなって森林が入れ替わったことは確かなのだ。そして縄文文化が大きく栄えた前期、それは現在よりも暖かった時期なのだが、その当時の鳥浜貝塚付近にはスギと常緑広葉樹が多い林が広がっていたことになる。

このように氷河期には亜寒帯性あるいは冷温帯性の針葉樹の林が優占していたものが、温暖化と湿潤化の両方の作用で冷温帯落葉広葉樹林となり、西日本ではそれが常緑広葉樹林までになったこと、特に湿潤な北陸地方ではスギも大量に増えたことがわかる。一方、東日本はというと、だいぶ様相が異なって、冷温帯の落葉広葉樹林から暖温帯の落葉広葉樹林に移り変わっていて、常緑樹が多い林が出てくるのはずっと後になってからのことである。

3章　縄文時代の森の変遷

1　現在の日本の植生帯

一般に、植生を決める大きな要因は温度と水分だが、日本列島は水分に関しては砂漠になるほど乾燥しているところがないので、ほとんど温度要因で植生が決まっているといえる。日本列島は南北に長いので、植生帯は、北から南へと、また山の高いところから低地へと変化し、高山帯（高山草原）から、亜寒帯および亜高山針葉樹林帯、冷温帯落葉広葉樹林、暖温帯常緑広葉樹林（照葉樹林）へと移り変わる。もっともこうした区分は日本の植生帯をいちばん大雑把に見たときのもので、少し詳しく見ていくと北海道ではエゾマツ、トドマツなどの針葉樹とミズナラなどの落葉広葉樹が混じった林が広く見られ、これを北方針広混交林と呼んだり、また、冷温帯林と暖温帯林のあいだに針葉樹のモミやツガが優占する中間温帯林というものを認めたり、それとほぼ同じところにイヌブナやケヤキなどが優占する暖温帯落葉広葉樹林を認めたりする見解などがある。しかし、縄文時代からの森林の変遷を見ていくうえでは落葉広葉樹林と照葉樹林という二つの森林帯が重要な意味をもつ。

冷温帯落葉広葉樹林と呼ばれる森林は、東北地方では低地から標高一〇〇〇メートルくらいまでの山地帯にいたる大部分を占め、関東、中部地方では平地にはなくて標高五〇〇～一五〇〇メートルくらいの山地帯に広がり、西日本ではさらに高いところに出てくる。いちばん主要な要素がブナであり、特に日本海側の山地帯にブナの美林が広がっている。ブナは湿潤な気候でよく繁茂するので多少とも乾燥したりしているところではミズナラに主役が交代する。その他、トチノキ、ヤチダモ、サワグルミ、オニグルミ、ホオノキ、カエデ類、ウワミズザクラなど多種多様な落葉樹で構成される。

照葉樹林は、東北地方の太平洋側では宮城県の牡鹿半島、日本海側では秋田県の男鹿半島より南の沿岸平野部から関東地方では標高およそ五〇〇メートル以下、九州ではおよそ一〇〇〇メートル以下の山地帯下部に分布し、琉球列島へとつながっている。主要な要素はシイ、カシなどのブナ科、タブノキやクスノキなどのクスノキ科、ヤブツバキやサカキ、ヒサカキなどのツバキ科、それにモチノキ科、ユズリハ科などの常緑樹で、センダンやハゼノキなどの落葉樹も交える。

この二つの森に共通しているのは、ブナ、トチノキ、クルミ、シイ、ナラ、カシなど、そのまま、あるいは灰汁抜きをすれば食べられる木の実が豊富だということだ。縄文時代の食生活のベースは野生植物の採取にあるといわれているが、主食となりうるこれらの木の実の他、ヤマブドウやアケビ、ヤマモモなど果物も豊富にあり、これらの森林は縄文人の生活を支えることができたといえる。

しかし、この二つの森を比べるとその風景が歴然と違うことに気がつく。常緑樹の林は森がこんもりとしており、林内は暗いため下ばえが少なく、じめじめした感じを受け、これは一年中変わらない。一方、落葉樹林は春に芽吹き、夏はこんもりとしているが、秋に紅葉して落葉し、冬は明るい林となるなど季節の変化が明瞭である。特に春先にはフキノトウやカタクリなど山菜や多くの美しい草花が咲き、冬は見通しがよくなって狩りに適している。どちらの森も野生採取の生活が可能だが、暗い森と明るい森、どうも精神生活には大きく影響しそうである。

2　縄文時代の植生

前章で述べたように縄文時代前期に常緑樹の分布が拡大することが西日本から中部地方ではっきりと認められるのに対し、東日本では大いに様相が異なる。

図3-1　北アルプス山麓のブナ林（上、富山県真川）**とブナ林の紅葉**（下、石川県白峰村）　秋になると林の中はいっぺんに明るくなる。

図3-2　照葉樹林　上：昼なお暗い照葉樹林の林内、照葉樹林内は暗いため下ばえが少ない（石川県気多大社の入らずの森）。**下：**沖縄県やんばるの照葉樹林（国頭村の琉球大学演習林）

本州の最北端に位置する青森県の三内丸山《さんないまるやま》遺跡は、縄文時代前期から中期に栄えたが、前期ではトネリコ属、モクレン属、カエデ属、ブナ属が多く、冷温帯性の落葉広葉樹林が想定される（能城・鈴木、一九九八）。関東地方南部に位置する千葉県の加茂《かも》遺跡（亘理・山内、一九五二）、神門《ごうど》遺跡（能城・鈴木、一九九一）などでも、シイ、カシ類などの常緑広葉樹は存在するものの大部分を占めるというわけではなく、遺跡が湿地性であることから当然多くなるはずのハンノキ節を除けば、トネリコ属、カエデ属、ケヤキ、ムクノキ、クリなどの落葉広葉樹が優占している。関東地方の内陸部になると、埼玉県大宮台地の寿能《じゅのう》泥炭層遺跡の調査結果に示されるように、コナラ属のクヌギ節及びコナラ節、それにクリ、ハンノキ節、サクラ属などの暖温帯から冷温帯に生える落葉広葉樹が卓越していて、九三点の試料中に常緑広葉樹は一点も見いだされなかったように、縄文前期には、照葉樹林の拡大はこの地方まで及んでいなかったことを示している（図3-3、鈴木他、一九八二）。

ここでは縄文時代中期になると、クリとハンノキ属がぐっと増えて、その分クヌギ、コナラ節が減少し、ヤマグワが目立つようになる。この傾向は縄文時代後期もほとんど同じで、ハンノキの増加とともにヤマグワ、トネリコ属、それに後期にはヤナギ属も増えることから、遺跡環境の低湿地化をむしろ反映しているのかもしれない。古墳時代も基本的には引き続いた組成を見せるのだが、ハンノキ属とヤナギ属の関係が逆転して、ヤナギ属が最優占し、さらに低湿地環境が進んだことを

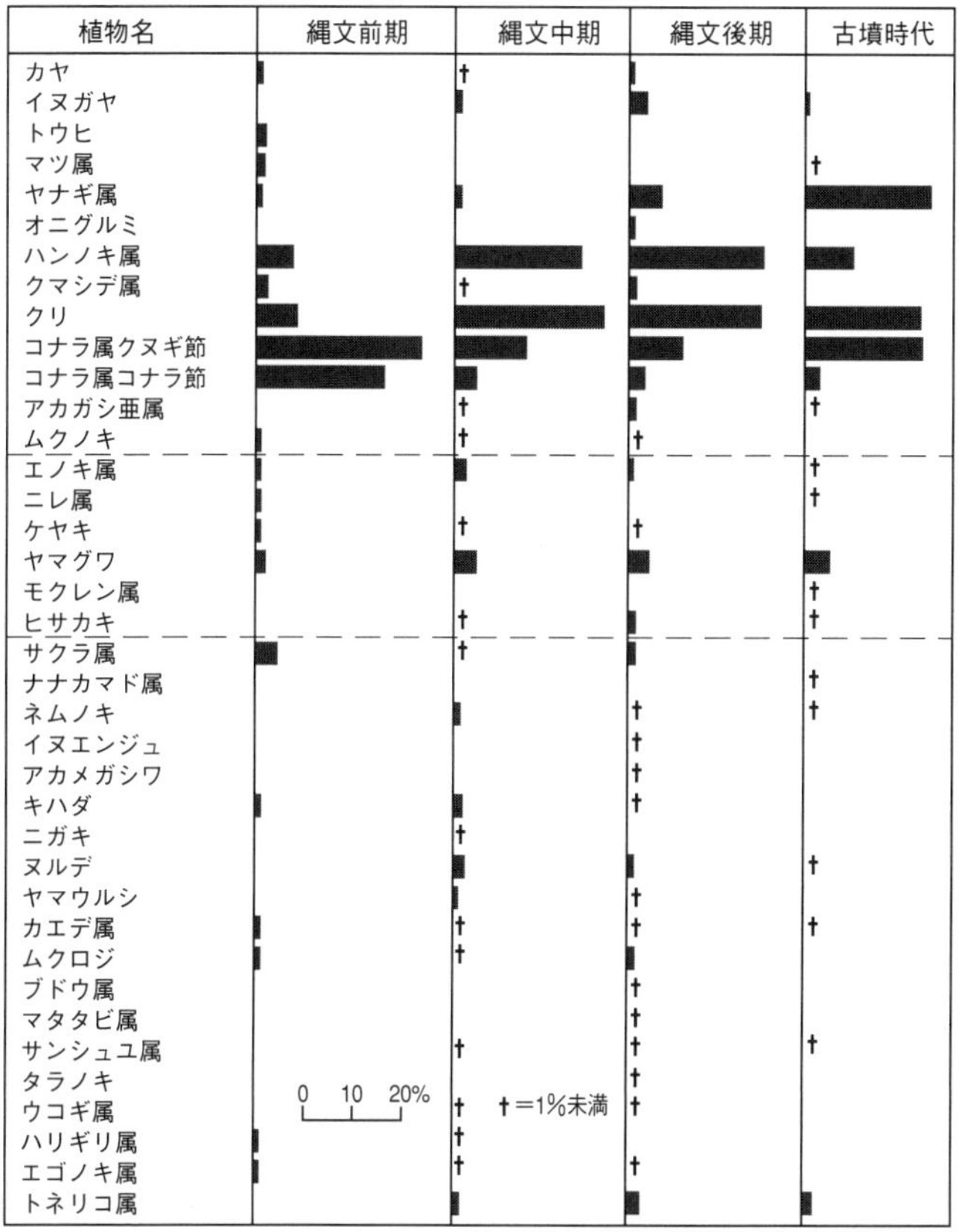

図3-3　埼玉県大宮市の寿能泥炭層遺跡の縄文時代前期から古墳時代にかけての木材遺体群集の変化（鈴木・能城、1987b）

示唆している。クヌギ節が増えるのもこの環境変化に対応すると思われる。

寿能遺跡で出土した自然木の樹種は四〇種類近くあるが、常緑広葉樹は、カシ類とヒサカキの二種類のみで、その量も縄文時代前期から古墳時代までのいずれの時期においてもほんのわずかであることに気づく。

そして、西日本の照葉樹林に対して東日本の落葉広葉樹林という対比は、そのまま縄文時代晩期まで引き継がれる。香川県の永井遺跡（縄文時代後期）ではアカガシ亜属、ムクノキ、ヤマグワ、ムクロジ、エノキ属が優占し、暖温帯林の要素と二次林の要素が混じって構成されている（能城・鈴木、一九九〇c）。一方、京都市の北白川追分町遺跡（縄文時代晩期）ではカエデ属、アカガシ亜属、ムクノキ、トチノキが優占していてわずかながらシキミもあり、照葉樹林の要素と落葉樹林の要素が混在し、特にこの遺跡では冷温帯に分布の中心があるといわれているトチノキがアカガシ亜属といっしょに少なからず存在していたことは注目に値する（伊東他、一九八五・南木他、一九八七a）。

一方、東日本、特に関東地方では、一貫してトネリコ属とハンノキ節が優占するが、後述するように遺跡によってはクリ、クヌギ節、コナラ節が優占して二次林の様相を示す。

3　ヤチダモ林の消長

根の材を同定する

私が遺跡出土材の同定を本格的に始めたのは埼玉県寿能泥炭層遺跡で、一九七〇年代の前半である。加工材は人間が木材として利用したものであるから、樹種も比較的限られ、現在の木材利用からも候補となる樹種はだいたい限られるので、同定はどちらかといえば容易である。しかし、自然木となると太くなる樹木は限定されるとしても低木や蔓植物などはなにが出てくるかわからないし、また、そのような樹種の木材の標本や組織プレパラートはどこにもなく、見当もつかないことがよくあった。そんなわけで、寿能遺跡ではどうにも同定できないものがいくつか残ったままであった。

図3-4　ヤチダモの林
（札幌郊外野幌森林公園）

その後、東京都北区の袋低地遺跡や中里遺跡、埼玉県川口市の赤山陣屋跡遺跡などの出土材を研究したときには、同定できない木材が優占する事態に直面した。かなり特徴的な木材構造をしている木材であるが、文献を調べても、私の手持ちの現生樹木のプレパラートをいくら観察しても同定できないのである。可能性があるものを片端から比較していくのだがわからない。悩みに悩んでいるうちに、これは根の材ではないかとはたと思いいたった。そこで、候補に挙がりそうな樹木の根の材をとってきては比較していると、ついにそれがトネリコ属のヤチダモの根とそっくりであることがようやく判明したのである。

これまでの木材組織学、解剖学の世界では、根の材の情報というのはほとんど知られていなかった。これ以降、根の材を積極的に蒐集し、幹と比較してみたところ、ハンノキやヤチダモなど根と幹の材がはっきりと区別できるものから、ヤナギやカエデ類など比較的難しいものまでいろいろとわかってきた。一般に根の材は幹に比べて道管は細くなり、細胞壁は薄く、繊維細胞などは太く短くなり、放射組織の細胞は大きく細胞の構成が粗雑になるなどの傾向があることもわかった。しかし、樹種とその部位を正確に同定するにはやはり根の材のコレクションの充実がまだまだ必要である。最近では、枝の材を幹と比べるためのコレクションも積極的におこなわれている。

ヤチダモの林

現在の関東平野にはトネリコ属の樹木はほとんど生えていないが、上記の遺跡では幹の材が少な

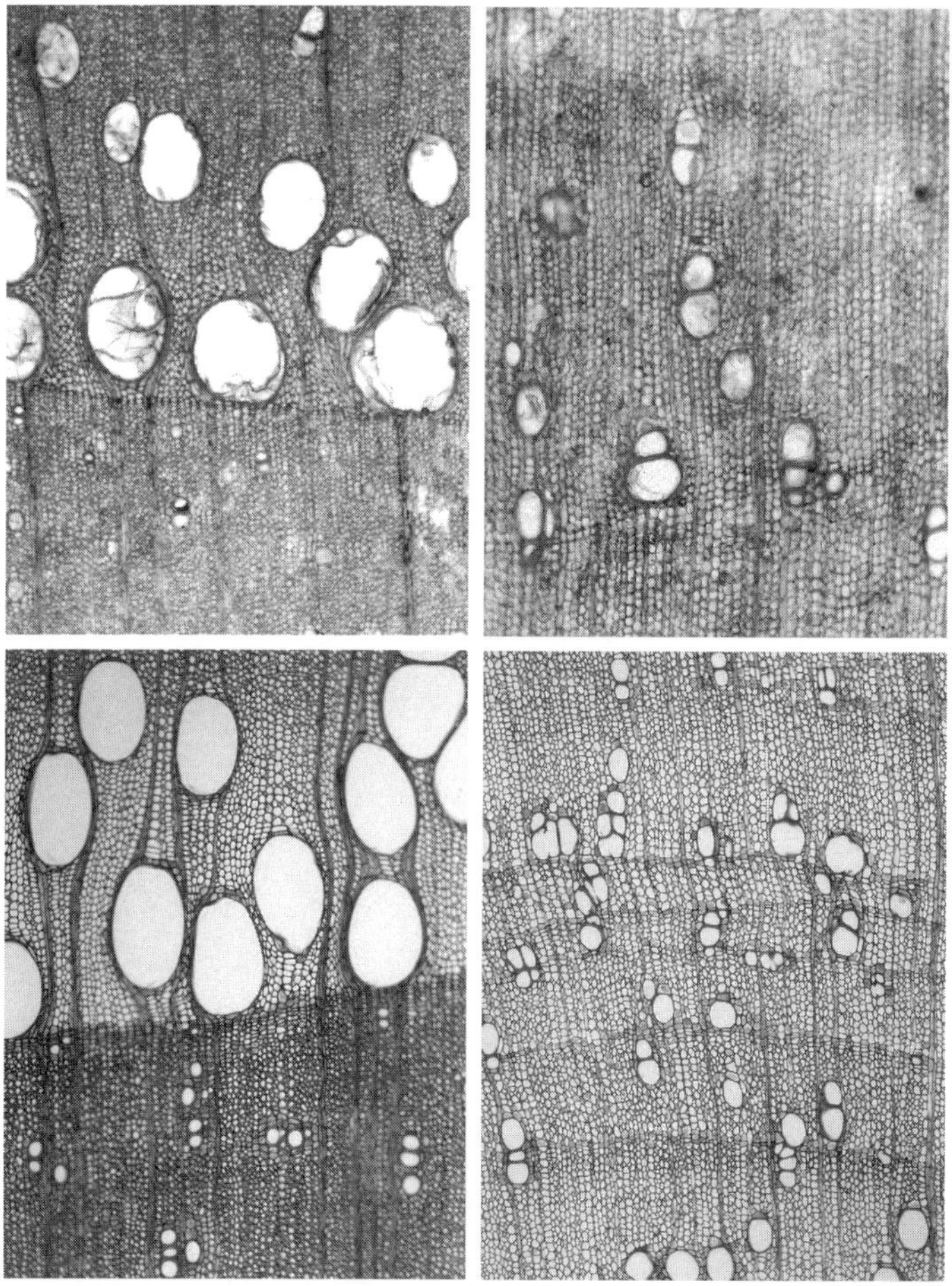

図3-5　埼玉県赤山陣屋跡遺跡出土トネリコ属（1と2）**と現生ヤチダモ**（3と4）**の幹**（1、3）**と根**（2、4）**の材の顕微鏡写真**（すべて横断面で同一倍率）　幹は年輪のはじめに大きな道管が同心円状に並ぶ典型的な環孔材。根では不揃いな道管が散在する散孔材で、同じ樹種の材とはとても思えない。

からず出てくる。しかしそれにもましてたくさんの根の材が出てくることから、トネリコ属の森林が縄文時代後期から晩期にかけて広がっていたことがわかったのである。木材構造による同定だけではトネリコ属であるとしか言えないが、埼玉県川口市の赤山陣屋跡（南木他、一九八七b）と滋賀県の余呉低地帯（辻他、一九九四）では、トネリコ属の埋没林と同一層準から出土した果実がヤチダモであると同定されたことと、ヤチダモの生育場所が低湿地であることから、これらはヤチダモであったといえる。同様にハンノキ節と同定されている木材も同層準から出土する果穂などがハンノキと同定されている（南木他、一九八七b）ことから、その大部分はハンノキであると考えられる。

ヤチダモ（トネリコ属）の材化石は鳥浜貝塚遺跡では図2-3に見るように晩氷期（S0期）にはきわめて優占し、それ以降も縄文前期まで継続して優占する樹種の一つとなっている。関東地方では特に縄文時代後期から晩期にかけて、赤山陣屋跡遺跡（能城・鈴木、一九八九b）、東京都北区の中里遺跡（鈴木・能城、一九八七c）および袋低地遺跡（能城・鈴木、一九八八）などではヤチダモとハンノキの優占する埋没林が見られる（図3-6）。その他、埋没林ではないものの東京都練馬区の弁天池遺跡（能城・鈴木、一九八九a）でももっとも優占する樹種であるし、石川県の真脇遺跡（依田・鈴木、一九八六）、米泉遺跡（能城・鈴木、一九八九c）をはじめとする北陸から関東、東北の木材化石が保存されるような縄文時代の低湿地遺跡ではトネリコ属の材が必ずといってよい

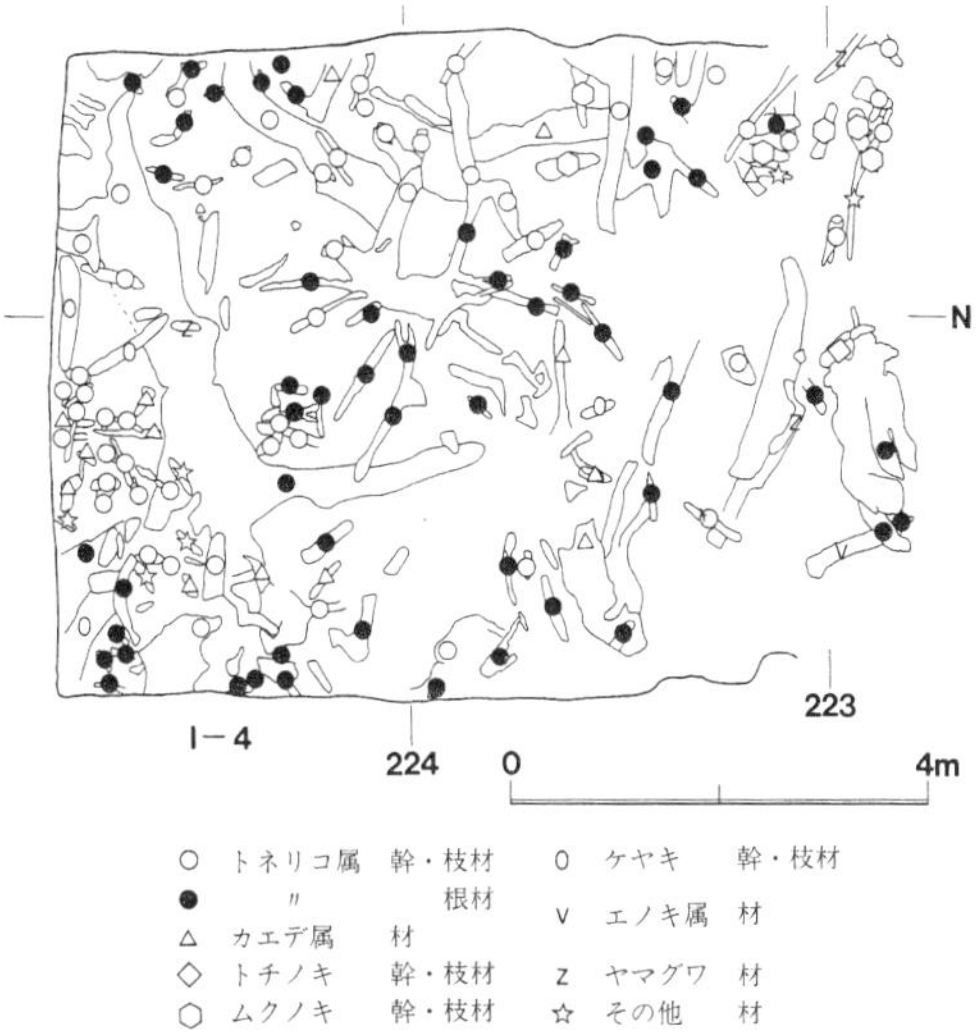

図3-6　東京都北区中里遺跡の縄文時代後期の埋没林　中央やや上に根を張った大きなトネリコ属の株があり、左側には左上方に向けて倒れたトネリコ属の大木がある。トネリコ属同様トチノキ、ムクノキ、ケヤキについては幹と根の材が区別されたが、この範囲にはそれらの根の材はないことから、出土した幹材はここに生えていたものではないと考えられる。（鈴木・能城、1987c）

ほど検出され、数～一〇％程度のレベルで出土することも少なくない（山田、一九九三参照）。このことから、縄文時代にはヤチダモが北陸地方、中部地方から関東、東北地方にかけて広く生育していたことがわかる。

ヤチダモは現在は本州中部の山地帯から東北、北海道にかけての湿地に広く分布し、冷温帯落葉広葉樹林の指標的な樹種の一つとみなされている。縄文時代の広い範囲の低湿地遺跡からヤチダモが見いだされるのは、それらが生育していた当時の遺跡付近が冷温帯性の環境下にあ

図3-7　ヤチダモの現在の分布（林、1969）

ったためか、あるいはヤチダモ本来の分布域が暖温帯から冷温帯にかけての低湿地であって、現在の分布が冷温帯地域に限られるのは、暖温帯地域の生育地が水田を中心とした開発によって失われたことによるものであるか、この二つのいずれかの理由による。縄文海進が縄文時代前期にピークに達した後、縄文時代中期には気候の寒冷化と海退があったことが知られている（辻、一九八九a）。この縄文時代中期から晩期にかけてヤチダモ―ハンノキ林が開《かい》析谷《せきこく》中の低湿地に優占するようになるのだが、しかし花粉分析の結果によると、この一方でアカガシ亜属の花粉の増大に示されるように、台地上では照葉樹林が急速に広がり始めたという（辻、一九八九ａ）。

図3-7を見てわかるように、現在のヤチダモの分布域はカシ類とはまったく重なっていない。このヤチダモの分布域がヤチダモ本来の生育適地を反映したものだとすると、ヤチダモとカシ類が同じ地域に同時に存在していたとはとても考えにくい。もちろん、辻（一九八九ａ）も指摘しているように、そこには、気候の質の違い、すなわち乾湿度と気温の組み合わせが現在とは違っていた可能性は否定できない。

しかし、現在の冷温帯落葉広葉樹林ではヤチダモ生育地のすぐそばの山地斜面にはブナ、ニレ属、サワグルミなどが普通に生育しているにもかかわらず、これらは関東地方の縄文中期から晩期の低湿地遺跡ではまったくと言ってよいほど見つかっていない。このことは、この時期が寒冷化したために、冷温帯性樹種としてヤチダモが分布を拡大した証拠としてみることは難しい。むしろ、鳥浜貝塚遺跡でもアカガシ亜属やヤブツバキなど照葉樹林の要素が増大してもトネリコ属がかなりの高率（一〇～一二％）で存在している（図2-3）ように、ヤチダモの本来の分布域は暖温帯から冷温帯にかけての広い範囲にあると考える方が順当である。

そして、このヤチダモ―ハンノキの湿地林は縄文時代の終焉とともに急速に関東地方から姿を消していくのが知られている（Noshiro and Suzuki, 1993）が、その大きな原因として水田耕作の開始による低湿地の開発が指摘されている（辻、一九八九ｂ）。後の章で述べるスギやモミ林の衰退と同じように、本来の分布域のうち、暖温帯の部分が人間による伐採、開発によって失われ、現在では冷温帯や暖温帯の上部にしか自生が残っていないのであろうといえる。

4章　縄文人による木材利用と植生改変

1　定住による集落の形成

森の利用と集落の成立

日本列島に広がる落葉樹林と照葉樹林を舞台に、私たちの祖先は、森林を利用して生活するようになったわけであるが、では、人間はこのような森をどのように利用していたのであろうか。

森林をどう利用するかというと、まず最初に考えられるのは、日々の生活のために使うということがある。日々の生活でいちばん大事なのはなにかというと、燃料であり、森林から燃料をとってきて、それを燃やしていたのだろう。さらに、木材以外のいわゆる林産物、たとえば、茸、木の実、いも、といったものをとるためにも森林を利用していたのであろう。そうした森林の利用の仕方を整理すると次のようになる。

図4-1　富山県桜町遺跡の縄文時代晩期のドングリ
左2つがナラガシワ、右がクヌギ節（コナラかアベマキ）。いずれもつぶされており、中身を取ったからを捨てたもの（吉川純子氏提供）。

まずはじめに、森のある土地そのものを利用するということが挙げられる。しかし、植生管理、農耕のための伐採、畑をつくるため、なにか他のものを植えるために切るという利用法で、ちょっと他の利用法とは性格が異なる。というのは、縄文時代に農耕あるいは耕作があったのかどうかは、昔から議論があり、現在も研究中なのであり、ここでは除いておくことにする。そのうえで、普通に森林を使うのは、日々の生活では燃料材やそれ以外の生産物を取るという利用法がまず最初に考えられる。その中で、もっとも重要なものは食料の採取である。秋には、クリ、ドングリ、クルミ、トチの実などを大量に採集し、保存し、食糧とした。これらは多くの遺跡で貯蔵穴にためこまれた、あるいはつぶして中身を取った殻を大量に捨てたようすがうかがえる。また、ヤマノイモなどの芋類の採集、春にはワラビやゼンマイ、コゴミやタラの芽などの山菜もこの森から採ってきた。

次に、目的は木であり、木材がほしいから木を伐る、という利用法がある。つまり、原材料としての木材の伐採であり、各種の道具、それから器具をつくるための木を伐る、さらには、建築材、家を建てるために、あるいは、土木工事をするための木材を森林から伐り出すという利用法があっただろう。

そして、特別なものとして、大型住居、大型構築物をつくる木材を得るために森林を利用するということが挙げられる。これは、一見、普通の住居を建てるのと変わらないのではないかと思われるかもしれないが、なにが違うのかというと、大型建築物、大型構造物をつくる場合には木のサイズが違うのである。

普通の住宅や土木工事に使う木材のサイズというのは、だいたい直径三〇センチくらいまでのものであるが、それに対して大型建築物になると、直径一メートルの木が必要になる。こういう大きな木はどこに生えているかというと、たとえば、私の勤務している東北大学附属植物園では、天然の森林をずっと守ってきているので、大きな木が当たり前のように見られるのだが、普通の山に入っていって直径五〇センチを超える木を探しても、そう簡単には見つからない。つまり、住居にしても大型建築物にしても、どちらも木材を得るために木を伐るという目的は同じだが、必要とする木のサイズが違うのであって、その木の生えている場所が違うということがわかるであろう。

こうしたさまざまな目的のために森林を人々は利用してきたと考えられる。

一方で、縄文時代は、旧石器時代と比べて大きく異なる点として、人々が村をつくったということが挙げられる。考古学の人が使う言葉に、「拠点集落」という言い方があり、これは中心的な村、それの人口が何人くらいでということがあるのだが、そうした拠点集落のテリトリー（領域）がどれくらいの広さであったかということを、遺跡の配置などから計算した結果がある。それによると、一つの拠点集落、まわりに出作り小屋とか、小さな集落をいくつかその中にもつのであるが、そういう一個の村の大きさは、日本の国土が真っ平らで均一だと仮定すると、直径がだいたい九キロメートル、面積は七〇〇〇ヘクタールくらいであったという計算結果が得られている（谷口、一九九三）。つまり、非常に広い範囲を一つの村が確保していた、というよりも、それだけの広さがないと村は成り立たなかった、ということだと考えられるのである。

村から離れるほど撹乱は少なくなる？

こうした村があったのだが、そのテリトリーの大部分は森林であったわけであり、そこで、森林をどんなふうに利用していたかということを考えてみた。

森を使うということは、森を撹乱することになる。普通、木の実を取るのは、別に木を伐るわけではないのだから構わないではないかと考えられるかもしれないのだが、じつは、森の中に人が入るということだけで、森に影響が出るのである。たとえば、人が頻繁に入ると、踏みつけなどによって下草がなくなる。一方、全然人が入らないところは藪になって人が入れなくなる。このように、人が入るだけでも影響があるのである。そこで、そういう影響の出方を、木を伐るという視点から大きく三つに分けて考えてみよう。

図4-2は、集落の中心からの距離と森林での影響の出方を示したものである。まず、Aは燃料材であるとした。日々の燃料材を取るためならば、近くに手に入るものがあるのに、わざわざ遠くまでいくことは考えにくい。村を中心として、すぐそばにいって取ってくる、そこがなくなれば、もう少し遠くにいって取ってくる。したがって、村の中心から距離がちょっと離れると、とたんに燃料のために木を伐るということがなくなり、森林の撹乱の程度は急激に下がると考えられる。

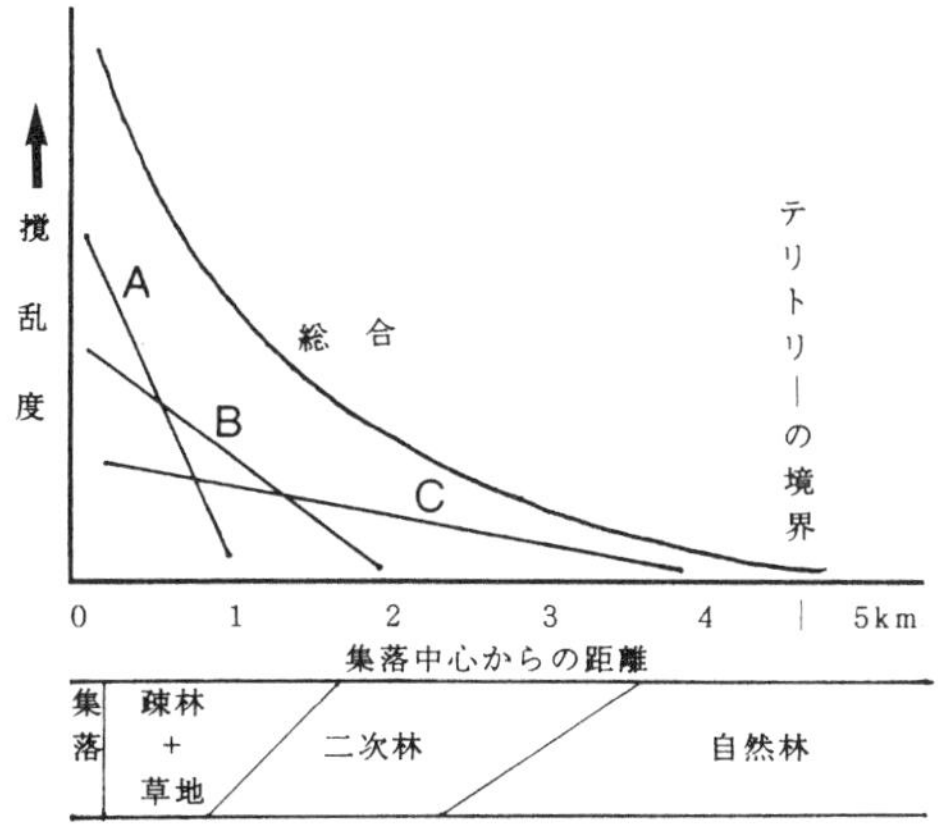

図4-2　縄文時代の集落周辺における森林の撹乱度と植生の模式図　A、B、Cはそれぞれ、A：燃料材、B：生活用具などの用材、C：建築・土木用材を得るための伐採などによる森林の撹乱の程度の相対値。「総合」とあるのは、それらを合わせたもの。横軸は集落の中心からの距離で、テリトリーの境界とした4.5kmは谷口（1993）による。下辺は撹乱度から想定される植生（鈴木・能城、1997）。

それから、図のBは、生活用具などのための木を取る場合である。この場合には、目的があり、そのためにはどの木でないといけない、という制約が

図4-3　多様な樹種からなる雑木林（二次林）の春

あるだろう。たとえば、玄翁《げんのう》の柄にするのであればガマズミの木でなければいけないというような目的の木がある。そこで、目的のものを探すためには、ある程度遠くにまでいくことになる。けれども、あまりにも遠くにまでいかなければ手に入らない木だとなると、なにか近くにあるもので代用になるものを探して使うことになるだろう。したがって、この目的では、Aよりは少し距離は伸びるけれども、でもある程度は近くで調達することになる。

そして、図ではCとした、建築、土木用材はどうであろうか。住居を建てるためには、たとえば、柱の太さが二五センチ必要ならば、伐る木は直径二五センチなければいけないわけで、一〇センチでは使えない。したがって、目的のサイズにあう木を得るためにはかなりの距離まで足を伸ばすことになるだろう。そうなると、森林の撹乱度は、手近で手に入ればそれで済ませるだろうが、やはりだんだん遠くにまで及ぶようになると考えられる。

さらに、先に述べた大型建築物の木材は、この範囲にも入ってこないで、もっと遠くまで、おそらく、テリトリーの範囲を超えるくらいのところまで探しにいくことになるだろう。林業では、里山に対して奥地林という言葉があるが、いわゆるそういう言葉で表されるようなところまで取りにいってはじめて調達するだろう。

こうした人間の行動を森林に対する撹乱という面でとらえると、村の中心から距離が伸びるにしたがって、撹乱の程度はぐーっと減ってくることになる。まず、森林の撹乱が非常に多いところは、森林が成り立たなくなり、草地にポツポツと木が生えている程度になる。それから、もう少し、人間の撹乱が減れば、そこはしょっちゅう木を伐られる、けれども、また、木が生えてくる。これを二次林というが、いわゆる雑木林が成立する。さらに遠くの方にいくと、ときどき木は伐られるのだけれども、森林が破壊されるというところまではいかない、つまりほとんど自然林の状態が残されるのである。

こうして、拠点集落の中心から、距離によって撹乱の程度に違いがあらわれ、集落の存在している空き地から、そのまわりに草原、二次林、そして自然林とドーナツ構造をとるようになるのだが、こうしたことが起こりはじめたのが、縄文時代であると考えられるのである。

2　二次林と雑木林、里山

遷移と二次林

自然環境の変遷を考えると、長い年月のあいだには火山の噴火や土石流、あるいは海退《かいたい》などによって新しい地面が形成されることがある。しばらくするとそこには植物の種《たね》が風や動物などによって運ばれ、芽生える。年月の進行とともにそこに生える植物はだんだん豊富になり、やがて森林を形成するようになる。この森林も最初は成長が早くて寿命が短く、明るいところに好んで生えるもの（先駆種《せんくしゅ》）から成長は遅くとも寿命が長く、ある程度暗いところでも生育できる樹種へと移り変わってゆく。これが遷移《せんい》である。遷移が十分進むと一本一本の木は入れ替わっているものの森全体としてはほとんど定常な状態に達して安定する。これが極相《きょくそう》（林）である。

気候が安定した状態では長い年月のあいだに陸上の植生はすべてこの極相に達することが理論的に期待されるが、実際にはいろいろなことがある。山火事があるとそれまでの極相林はなくなるが、遷移のいちばん最初の無植生の状態に戻るかというとそうではない。土壌の中にはたくさんの種子が埋もれ眠っているのであって、これをシードバンク（種子銀行）という。山火事では地表面は燃えるが下の方は多少温度が上がる程度で、埋土種子全部が死滅することはないので、山火事後、すぐさま新しい植物が芽生えてくることになる。また、幹は燃えても株が生きたまま残っている木もあり、そこからはひこ生え（萠《ぼう》芽《が》枝《し》）が出てくる。山火事跡地は土壌の栄養分もあるので芽生えやひこ生えは旺盛な成長をして比較的短時間で植生を回復するのだが、そこに出てくる植生は最初の無植生から始まった遷移とは違う林ができてくるので、これを二次遷移系列、そのような林を二次林といい、この二次林も長い年月のあいだにはやがて極相林となっていく。

図4-4　伐採跡地　切り株からさまざまな樹種のひこ生えが出ている。

雑木林と里山の起源

自然状態では山火事などで二次林が形成されるが、人間が木を伐ることによっても二次林ができる。特に、木を伐った後に放置すれば林の中にもとからあった稚樹も生き残り、新たな芽生え（実生苗《みしょうなえ》）やひこ生えもあって、山火事跡より短時間に森が回復する。東北地方での調査によると、伐採後三年目にはひこ生えや実生苗の高さは三〜四メートル、地上一三〇センチでの幹の太さは三センチを超えるようになり、七年後には樹高は六メートルを超え、幹の太さも六センチに達し、十数年で立派な「林」と呼べるものになる。そして、このように回復してきた林では、木がある程度大きくなったところで再度伐るとまたひこ生えや実生苗が発生し、旺盛な成長をしてまた林となってゆく。

縄文時代の集落近くの林はこのようにして繰り返し繰り返し木が伐られ、利用されていったことだろう。そうするとだんだんその二次林を構成する樹種が特定のものに偏ってくる。つまり、ひこ生えが出やすいものや実生苗の成長がひこ生えに劣らずよい先駆種などが繰り返しの伐採に耐えて残り、これらが優占した林となる。関東や東北地方でいえば、クリ、コナラ、イヌシデ、ケヤキなどが多い、いわゆる雑木林が、こうしてつくられた林である。

雑木林は集落の周囲の田畑にはならない山の斜面にあり、古くから柴刈り、落ち葉かき、山菜取り、薪や木炭生産のための伐採がなされてきたところで、集落の農業経済と一体になった経営がおこなわれ、また、子供の格好の遊び場でもあり、里山と呼ばれている。つまり、この雑木林、里山の原型は縄文時代の集落の形成に求めることができるというわけである。

5章　縄文時代の木材利用

縄文時代の木材利用と木の文化を考えるうえで、いちばん典型的というか、基本になる遺跡として考えているのが、前の章で登場した福井県の若狭にある鳥浜貝塚遺跡である（図5-1）。ここは、三方五湖の一つ、三方湖に流れ込んでいる鰣川という川があり、川のすぐそば、というか川の中が遺跡で、矢板を組んで水が入ってこないようにして調査されたのである。図5-2の中に、白く見える部分はすべて貝殻で、うず高く積もって貝塚をなし、ところどころに杭がたっている。普通の遺跡は台地の上などにあって乾いていて、有機質の物は全部腐って分解されてなくなっているのだが、ここのようにじめじめした低湿地遺跡では有機物がよく残っている。つまり、われわれ植物を研究する者にとっては非常にいい状態で資料が残っていて、すばらしい遺物が出ているのである。

まず、91ページの写真は櫛で、赤い漆を塗った一木《いちぼく》づくりのヤブツバキの木でつくられている。こんな立派な櫛を今つくったら、いったいいくらかかるか、と思うほどの素晴らしいものである。そして、特に注目を集めたのは、つるつるの茶色の皮をしたヒョウタンである。ヒョウタンなど、

図5-1　福井県若狭地方の三方湖を南から望む
矢印が鳥浜貝塚遺跡（福井県教育委員会、1987）。

図5-2　鳥浜貝塚遺跡の発掘現場　矢板を組んでの作業である。白いのが貝殻（福井県教育委員会、1987）。

別に珍しくもない、どこにでもあるではないか思われるかもしれないが、ヒョウタンの原産地はアフリカの熱帯地域といわれていて、それがインドに伝播し、そこでも発展したといわれている。つまり東アジアにもともとあった植物ではないのだという。アジアの遺跡からヒョウタンが出てきている有名な例に、約七〇〇〇年前のものとされている中国浙江省の河姆渡《かぼと》遺跡がありこれがいちばん早い。日本の場合には、縄文時代前期には鳥浜貝塚とか、千葉県の大坪貝塚などからも出てきているし、それよりも後の時代になると、縄文時代の多くの遺跡からヒョウタンが出てくるようになり、決して珍しいものではなくなる。

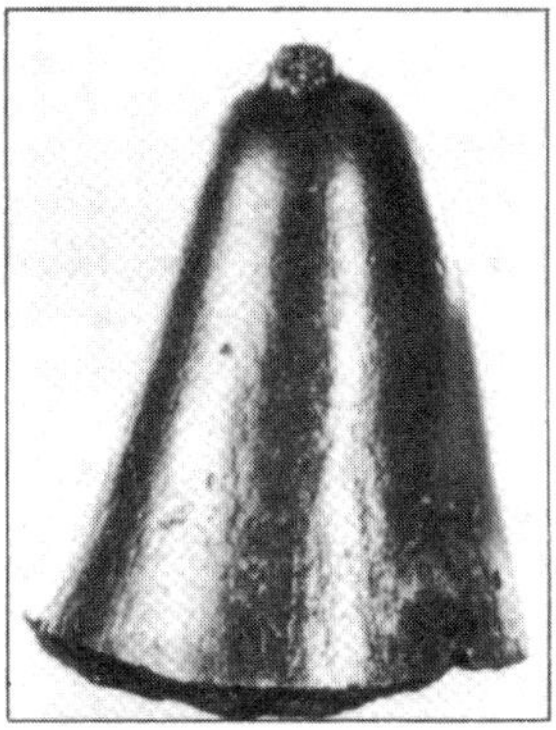

図5-3　鳥浜貝塚遺跡から出た縄文時代前期のヒョウタンの果皮（福井県教育委員会、1979）

このような出土はなにを意味しているのかというと、アフリカに起源した作物が六〇〇〇年前の日本にすでにあったということは、その頃には作物が遠く離れたところまで伝播するために必要な人間の活動があり、さらに日本で、それが栽培されていた、ということを強く示唆するものである。栽培といっても畑をつくってきちんと耕作するものから、家のまわりに半ばほったらかしで「栽培」するものまで手の入れ具合にさまざまな段階があり得るが、野生のものをただ取ってきて利用する、というのとは違っていたということである。

このように縄文時代にはわれわれに馴染みが深い植物利用、木の利用が芽生えたといえる。そこで、特徴的ないくつかについて、詳しく見ていくことにしよう。

1　ウルシの謎を追う

最古の漆製品

最近、北海道南部の南茅部町の垣ノ島B遺跡から最古の漆製品が発掘された。墓に埋葬された人の髪飾り、腕飾り、胸飾りなどの赤漆塗りの装身具（カラー口絵5）で、漆そのものの放射性炭素年代測定で約九〇〇〇年前、縄文時代早期のものであるという結果が得られている。これはこれまでに知られている最古の漆製品が中国の河姆渡遺跡から発見された約七〇〇〇年前のものであったのだから、格段に古い。

漆を塗った木製品の日本最古のものが出土しているのはやはり鳥浜貝塚遺跡の縄文時代前期（約六〇〇〇年前）で、次節で紹介する赤漆を塗った櫛の他、容器、飾り弓など多数がある。

このように、古い時代から漆を利用する技術と文化があったことはたいへんな驚きである。漆は赤や黒の顔料を混ぜ込むことによって塗料としてたいへん優秀なもので、木地に塗った木胎漆器、編み物などに塗った籃胎漆器、そして土器や耳飾りの土製品など、じつに広く用いられている。軽くて丈夫で美しい漆製品は、縄文時代早期以降、私たちの生活には欠かすことのできないものとして親しまれ、また、古くから幾多の美術工芸品を生んできた。

ところで、このように馴染み深い漆だが、これはなんの木からつくったのだろうか？

図5-4　たわわに実ったウルシの実　敏感な人はウルシの木の下を通るだけでかぶれる。

ウルシの木はいつから日本に？

ウルシ科ウルシ属の樹木は多かれ少なかれ樹液を出すが、その量は種類によってずいぶんと違う。それはかぶれやすさと一致するようだ。日本に野生するウルシの仲間をかぶれやすさの順に並べると、ツタウルシ、ハゼノキ、ヤマハゼノキ、ヤマウルシ、ヌルデの順になる。ヌルデで漆かぶれを起こす人は相当に敏感な人である。この中に「ウルシ」が入っていないのは、この樹木は中国が原産で、日本には本来生えていなかったと考えられているからである。

漆液はこのウルシが格段に分泌量が多く、また良質で、塗料として最適である（カラー口絵6）。逆に日本に野生する樹木からはほとんど実用的な漆液は取れないといえる。だから、縄文時代以降の漆製品の漆液はすべてこのウルシの木から取ったものと考えられる。

では中国が原産といわれるウルシの木が縄文時代のこの時期にすでに日本にあったのであろうか？

「ウルシ」である証拠は？

生物が過去の時代に生存していたことを直接証拠づけるのは化石である。植物の場合、植物体が丸のまま化石となって出てくることはまずなく、各部分がバラバラになって化石になるので、花粉、種子、葉、それに木材など、別々に探索することになる。花粉は形が単純なので、一般に属あるいは科のレベルまでしか識別できない。ウルシの仲間の場合も、ウルシ属とは同定できてもヤマウルシとかハゼノキとか、個々の種を区別するのは困難である。ウルシ属の葉は皆、大型の羽状複葉で、その羽片の一部が出土することがあっても、ウルシを他の日本野生種から区別して同定できたという例を聞かない。種子の化石は、一般的には一つ一つの種類を決めるにはいちばんよいが、ウルシ属では互いに似ていて区別がむずかしい。

私の専門の木材では、ウルシの材は他のウルシ属の種から何とか区別できる。はじめてウルシの木材を同定できたのは、長野市篠ノ井の石川条里遺跡で、弥生時代後期と古墳時代前期の木材が出土している（能城・鈴木、一九九七）。これは一万点近い大量の木材を調べる中から出てきたもので、木材の保存状態など条件がそろわないと、他の樹種から識別するのはほんとうに難しい。

最近、縄文時代の遺跡からウルシの木材がようやく見つかった。櫛の項で紹介するように漆製品が多数出土している青森県の是川遺跡で、縄文時代晩期のものである。自然木と加工木一点ずつである。ウルシに限らず、樹木が栽培されていても、それが遺跡から出土するとなると、確率的には非常に低いものだろう。話はそれるが、モモの核は縄文時代以来多くの遺跡で出土しているが、モモの木材が同定されているのは古墳時代以降であるし、栽培のクワの材は、今のところ石川条里遺跡のものがいちばん古い。そんなわけで、漆製品の存在からウルシが当時生育していたことは考えられるのだが、それを証拠づけるのはなかなか難しいということになる。

最近、考古遺物からＤＮＡを取り出して研究している静岡大学の佐藤洋一郎氏らがウルシの問題に取り組んでいる。彼らが調べたＤＮＡのある領域の比較では、三内丸山遺跡のウルシ属の種子は日本の野生のウルシ属植物とは違っていて、しかも中国浙江省のウルシよりも岩手県浄法寺《じょうほうじ》で栽培されているウルシに近いが、それとも違う、との結果を得たとの話である（佐藤、一九九九）。その結果から現在の日本（の東北地方？）のウルシは縄文時代のものとつながるとの考えも述べている（飯塚、二〇〇〇）。遺物から望ましい領域のDNAがとれて現生種と十分比較することができればその由来をはっきりさせることは十分期待できるが、これまでの情報はまだそこにいたっていないという段階のようだ。

2　髪飾りの櫛は縄文から——櫛材の変遷

女性に美しく着飾ってもらいたいのは太古からの男性の願いなのかもしれない。女性の髪を飾る櫛が遺跡から出土するのはやはり他の木製品同様、縄文時代前期以降である。今のところ、最古といわれているものは、能登半島に位置する石川県田鶴浜町三引《みびき》遺跡から出土した約六〇〇〇年前の赤漆塗りの櫛で、歯はムラサキシキブ属の材を使っている。前述のように、鳥浜貝塚遺跡からは約五五〇〇年前の赤漆塗りの立派な櫛が出土している。これはヤブツバキの材を綺麗に削り込んで一本一本の歯を削り出した、いわば一木づくりの縦櫛である。小浜市の若狭歴史民俗資料館には縄文時代の服飾具を復元した人形が展示してあるが、これを髪に挿した様はとてもあでやかである。

この他、全国の縄文時代の遺跡から櫛が少なからず出土している。一木づくりのものもあるが、多くは歯の部分は木あるいは笹を削った細棒で、本体の部分で横木と結わえたうえに赤漆が塗ってあり、どうも縄文の櫛は装飾的意味合いが強い。材質は笹の他、クリ、トチノキなどいくつかの樹種が使われているが、特にこの樹種という選択性はないようだ。

青森県八戸市の是川遺跡から出土した縄文時代晩期の櫛は、本体部分には赤漆が塗ってあるが、歯はちょうど正月の祝い箸のように丸く削ってあり、ウルシがかけられていない（カラー口絵7）。歯の材質はムラサキシキブ属である。歯に塗りがないということは縄文時代の他の櫛には見られないことで、次の弥生の櫛とつながるのかもしれない。

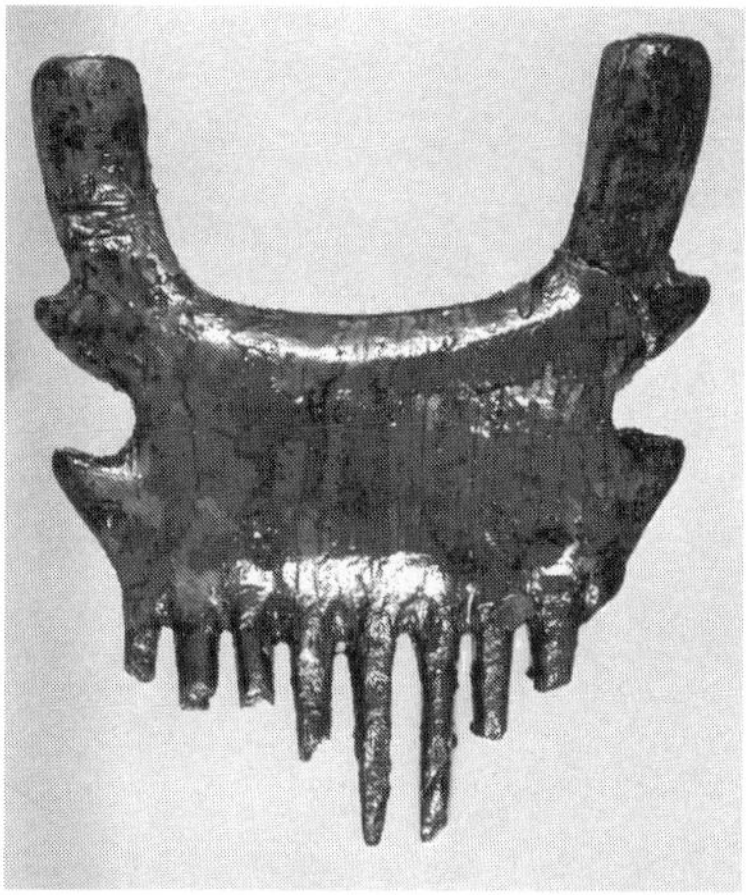

図5-5　福井県鳥浜貝塚遺跡の縄文時代前期の朱塗りの縦櫛　ヤブツバキ製である（福井県教育委員会、1979）。

弥生時代になると櫛の形は縄文のものから一変する。縄文の形を引き継いだものもあるが、石川県の野本遺跡から出土した弥生中期の縦櫛は細長く削った箸のような歯をU字型に曲げて樹皮を使って束ねたもので、ちょうど銅鐸のような形をしており、歯が平行でなく、先で広がっていて、漆の塗りはない（図5-6）。材質はアジサイ属のノリウツギで硬く粘りのある材質を選んでいることがわかる。弥生時代の櫛の出土例は多くはなく、他にアカガシ亜属が使われた例が知ら

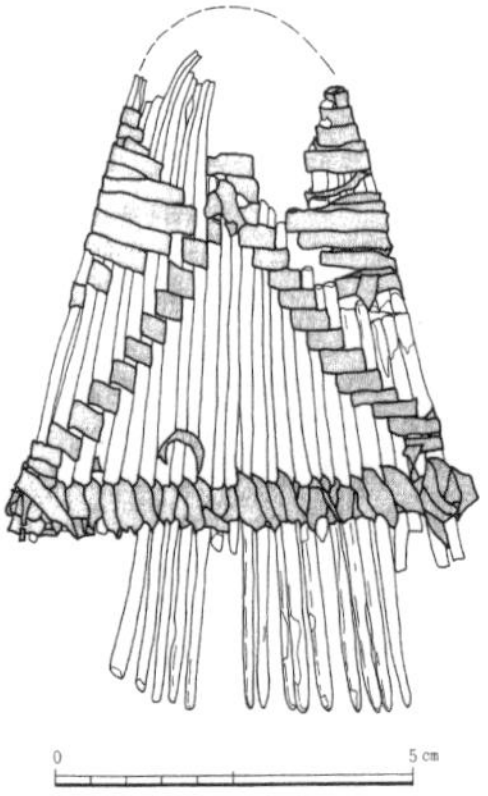

図5-6　石川県野本遺跡の弥生時代の櫛　竹籤状に削った細棒を束ねて折り曲げてある。歯の材質は是川と同じノリウツギであるが、塗りはまったくない（石川県埋蔵文化財センター、1993）。

れているなどで、縄文時代同様、特に櫛に使う樹種というのが決められていたのかどうかはわからない。

古墳時代の櫛は弥生の櫛をもっと繊細に仕上げたような形である。細く竹《たけ》籤《ひご》のように削ったものを中央で束ねてU字型に曲げるが、歯ははるかに細くて間隔も狭く、歯先が平行であり、黒漆を塗った大小さまざまなものが古墳の中から出てくる。古墳からの出土品は風化していて材質を調べるのは難しいが、どうも笹類を削ってつくったように思える。

遺跡から出土する木製櫛の変遷を調べた木立氏（一九九三）によると、形態から大きくA～Dの四つに分けられるという。Aは、棒状の歯を束ねて漆を塗ったもの（籃胎櫛）で、埼玉県の寿能泥炭層遺跡など多くの縄文遺跡から出土している。Bはすでに紹介した鳥浜や是川の櫛である。Cは、木立氏がこの論文を書くきっかけとなった野本遺跡の櫛のタイプで、Dは古代以降の横櫛である。氏によると、AとBは縄文から弥生にかけて出現するが、その後消滅し、Cは弥生に出現し、古墳時代に多く見られるが、やはり消滅するという。そして、これらとは系譜の異なるDが古代に出現し、多少のバリエーションをもちながら、現代まで続くという。

横櫛は、横木取りした板に鋸で挽いて平行な歯をたくさん付けたもので、モッコク、ネジキ、カナメモチといった硬くて粘りのある散孔材も使われるが、主流はなんといってもツゲとイスノキである。

ツゲは櫛材としてよく知られているが、イスノキというのは聞き慣れないと思う。伊豆半島より西の、おもに太平洋側の暖地に生えるマンサク科の常緑高木で、必ずといってよいほど葉に大きな虫こぶができるので見分けやすい。材質は硬く均質で粘りがあり櫛にはもってこいだが、色艶ともツゲには劣るので、いわばツゲの代用品である。ツゲは本州中部以西の山地丘陵に分布する常緑小高木だが、材を目的として植栽されてきているので天然分布はほとんどわからない。成長がとても遅く櫛とともに印材に使われる貴重な木材である。

ツゲ、イスノキの櫛はすでに古代からあるのだが、全国的にこれらの櫛が出てくるのは平安時代の後半以降に時代が下ってからのことである。本来の分布が西日本にほぼ限られるので、それらの地で櫛の良材として見いだされたツゲとイスノキが製品の櫛として、あるいはその原材料として全国に広まるのは人と物の動きが活発になる古代以降、ということだったのだろう。そして関東地方の農村部にある江戸時代の遺跡からこれが出土したことなどから、庶民の櫛としてイスノキが一般的に使われていた様子をうかがうことができる。

今でもツゲの櫛は見かけるものの、イスノキはとんと聞かないのは、ツゲは高級櫛材として生き残ったが、実用的なイスノキの方はプラスチックに置き換わったということのようだ。

縄文時代の櫛は歯の間隔があいており、多くは朱塗りが施されていることから、もっぱら装飾用とみなすことができる。弥生時代、古墳時代のものも、形態はだいぶ異なるが、やはり装飾用だったろう。ところが、古代以降になると、装飾が施されているもの、歯の間隔があいたもの、歯の間隔がとても詰んだものなどの形態変異があることが木立氏のまとめでよくわかる。どうもおしゃれ用、髪梳き用、それにひょっとしたらシラミ取り用に機能分化したものかもしれない。

それにしても縄文時代以来、あでやかに女性の髪を飾った装飾具としての櫛が現在ではほとんど見かけられなくなってしまったのは、男性の一人として寂しい気がする。

3　縄文人は木の器になにを盛ったのか？

液体を入れることができる器というものは、いったい、いつ頃発明されたものなのだろうか。縄文文化は土器で特徴づけられるが、同時に容器を持つようになったのではないだろうか。土器が煮炊きの道具として使われるようになると、土器に水を汲み入れたり、煮上がったものを取り出した

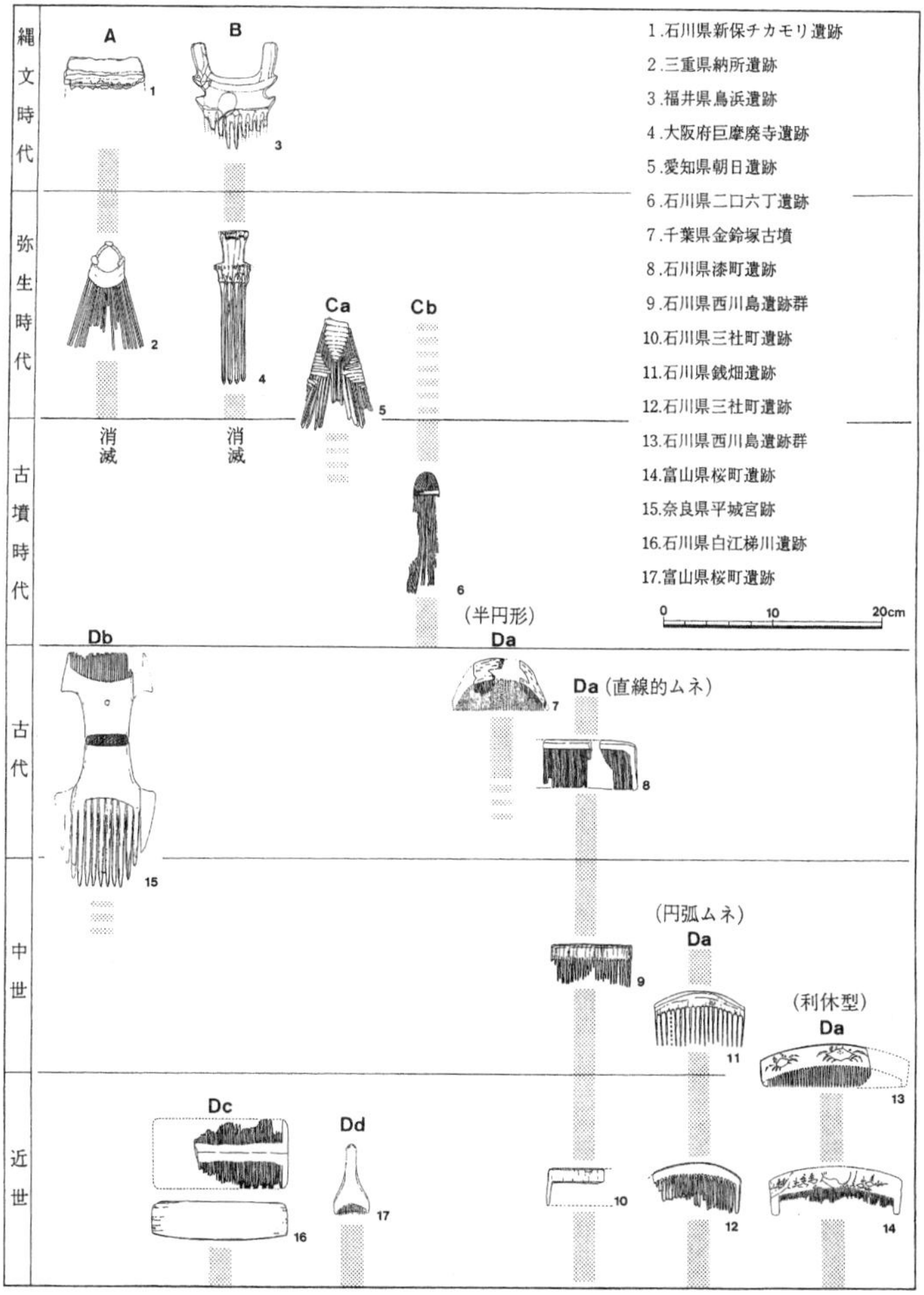

縄文時代
弥生時代
古墳時代
古代
中世
近世
A
B
Ca
Cb
Db
(半円形)
Da
Da (直線的ムネ)
(円弧ムネ)
Da
(利休型)
Da
Dc
Dd
消滅
消滅
1
2
3
4
5
6
7
8
9
10
11
12
13
14
15
16
17
1.石川県新保チカモリ遺跡
2.三重県納所遺跡
3.福井県鳥浜遺跡
4.大阪府巨摩廃寺遺跡
5.愛知県朝日遺跡
6.石川県二口六丁遺跡
7.千葉県金鈴塚古墳
8.石川県漆町遺跡
9.石川県西川島遺跡群
10.石川県三社町遺跡
11.石川県銭畑遺跡
12.石川県三社町遺跡
13.石川県西川島遺跡群
14.富山県桜町遺跡
15.奈良県平城宮跡
16.石川県白江梯川遺跡
17.富山県桜町遺跡
0
10
20cm

図5-7　木製櫛の変遷（木立、1993）

り、そして食卓に料理をのせるにしても、どうしても液体（おもに水）を入れることができる器が欠かせなかっただろう。そのような容器には土器よりもむしろ木器が適していたのではないか。

木で器をつくるにはいくつかの方法がある。刃物で削り込んでつくる刳物《くりもの》、ろくろで木を回して削る挽物《ひきもの》、薄板を曲げてそれに底と蓋をつける曲げ物《まもの》、板を組み合わせてつくる組み物《くもの》（桶、樽、箱をこれに含める）（以上、東京都立大学山田昌久氏の分類による）である。その他細く削った木や籐などで編んだ籠に漆を塗って器としたものもあるが、今回はそれは除外しておこう。まず、上記の四種類のうち、水漏れの心配がないのは刳物と挽物で、曲げ物と組み物では水漏れ防止に高度な技術と漆などの助けが必要である。また、ろくろを回す、というのもやはり高度な技術で、縄文時代はもっぱら刳物の時代といってよい。石器でこつこつと木材を削り込んで器をつくっていったことだろう。このように木をくりぬいてつくられた容器にはさまざまなものがあるが、もっともポピュラーなのは浅い皿形で、円形、楕円形あるいは長方形のもので、大きなものは槽とか盤と呼ばれたり、また、底に足がついているものもある。小型のものは質も薄く、しばしば赤漆がきれいに塗ってある。いずれも木を半割にした状態から削り込んでいるので横木取りと呼ばれる。柄があってスコップのような形になったもの、大きなしゃもじのようなもの、小さいのではスプーンのようなものもある。

このように刳物は多くは横木取りだが、中には縦木取りのものがある。鳥浜貝塚遺跡にはかなり特殊な刳物がある。縦長の桶のような、壺のような刳物で、足が三ついている（図5-8）。漆が塗ってある二点はケヤキ製、塗りのない八点のうち七点がクリ製で、使われる樹種が特定されている。このような容器は他の遺跡からはほとんど知られていないもので、形といい、製作技法といい、きわめて特殊なものである。この遺跡からは縄文前期の容器が多数出ているが、皿はトチノキがもっとも多く、ついでケンポナシ属、ケヤキなどが使われている（表5-1）。鉢や椀、片口（容器の片方に注ぎ口のあるもの）などにもやはりトチノキ、ケヤキが多く、その他、ムクロジ、タブノキ、ケンポナシ属なども使われている。

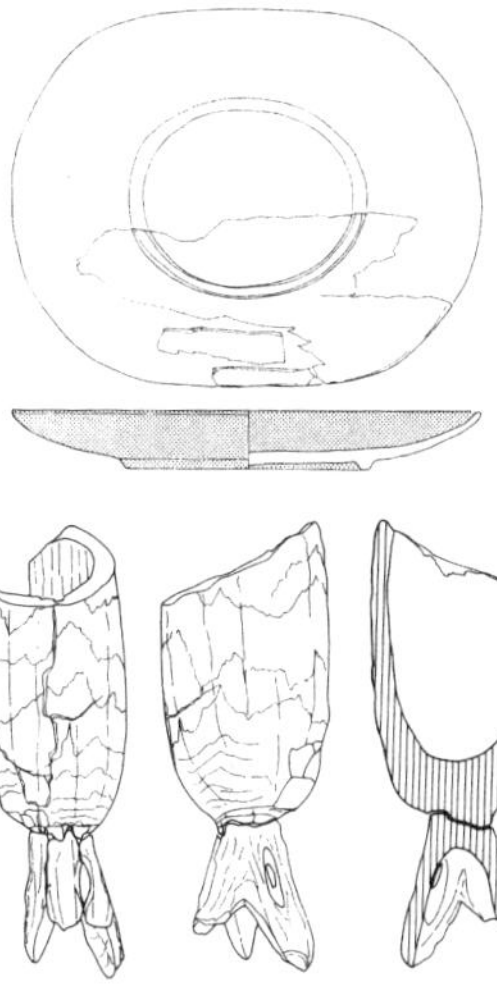

図5-8　鳥浜貝塚の横木取り（上、皿）と縦木取り（下、三足）の刳りもの（網谷、1996）

現在の刳物や挽物の漆器木地には実にさまざまな樹種が地方地方で特色を出して使われているが、全国的に見るとやはりトチノキ、ケヤキが多い。この両樹種を使うルーツはまさに縄文時代にあるのである。

一方、漆器の椀といえばブナだが、ブナの椀が使われるようになるのはずっと後のことである。福井市一乗谷の越前朝倉氏遺跡は、一四七三年に信長によって滅ぼされるまでの約一〇〇年間、朝倉氏の館があったところで、出土する遺物はこの期間に限られ、当時の様子を詳しく知るのにもってこいのところである。ここから出土した漆塗りの皿と椀の樹種を調べたところ、縄文時代とはずいぶんと違った結果となった（表5-2）。皿はケヤキ、トチノキが多く、いってみれば縄文以来の系譜を引き継いでいるともいえるが、椀は大部分がブナ属である。もちろん材構造ではブナとイヌブナの区別はできないからブナ属としているが、これらはブナと見なして間違いないだろう。ブナの椀は古代からあるが、このようにブナが圧倒的になるのはこの頃からで、その傾向は近世、そして現代にまでつながる。これは縄文の頃は刳りものであったものが轆轤の発明と木地師集団の展開により、いわば山奥に自生するブナの製品が一般的に用いられるようになったことを表している。

このほか、縄文時代に比較的よく使われた樹種にクリが挙げられる。上記の特殊な三足の容器に限らず青森県の三内丸山遺跡などの縄文時代の漆器にはクリがよく使われている。それが弥生時代以降はたいへん少なくなる。

表5-1　鳥浜貝塚遺跡出土の漆器の種類と樹種

樹　種	皿	鉢椀	三足	その他	合計
トチノキ	24	2	4	8	38
ケヤキ	3	5	2	1	11
ケンポナシ属	4		1	2	7
ヤマザクラ	2			1	3
スギ				1	1
ヤブツバキ				1	1
サクラ属	1				1
カエデ属				1	1
ムクロジ		1		1	
トネリコ属	1				1
総　数	35	8	7	15	65

鉢椀：鉢または椀、三足：筒型三足器
（能城他、1996より作成）

新潟平野の北部の北蒲原郡黒川村の縄文時代後期の分谷地《わけやち》A遺跡からは朱塗りと黒漆塗りの水差しが一対になって出土した（カラー口絵8・9）。片側に取っ手があり、反対側に差し口を備えたたいへん精巧なもので、いずれもヤマザクラの材でできている。サクラ属の材を漆器の木地に使った例はほかの縄文時代の遺跡でも比較的よく知られている。埼玉県の寿能泥炭層遺跡において縄文時代に漆器木地によく使われたサクラ、トチ、イヌガヤといった材が縄文時代の終焉とともにほとんど使われなくなったことが示されている（山田・山浦、一九八四）。

表5-2　越前朝倉氏遺跡の漆塗り皿と椀の樹種

樹　種	漆皿	漆椀	合計
ブナ属	2	112	114
トチノキ	11	42	53
ケヤキ	18	14	32
ヤシャブシ節	3	3	6
ハンノキ節	2	2	4
カエデ属	2	1	3
モクレン属		3	3
コシアブラ	1	1	2
ミズキ	1	1	2
イヌシデ節		1	1
クマノミズキ類		1	1
ヒノキ		1	1
総　計	44	184	228

（鈴木・能城1990より作成）

このように、トチノキ、ケヤキの用材は縄文時代以降連綿と現在まで引き継がれてきたのに対し、クリやヤマザクラを利用する文化は縄文時代でとぎれてしまった。では、その原因はいったいなんだろうか？　材質の優劣、材料の手に入りやすさ、加工のしやすさ等いろいろ考えても理由に思い当たらない。本物の木の器からずいぶんと離れた生活をしているわれわれには、ほんとうの意味での木のよさ、木の違いがわからなくなってしまっているからなのかもしれない。

4　丸木弓と飾り弓——弓の系譜

旧石器文化と縄文文化の大きな違いに弓矢がある。それまでの手で槍を突く、あるいは時として投げる行為から、弓を使って矢を飛ばす、という行為のあいだには大きなギャップがある。これによって獲物を捕れる範囲が格段に広がり、また、鳥や小動物も食卓にあがるようになった。氷河時代が終わって地球が温暖化し、また多湿化したことにより、鬱蒼とした森林が広がって、そこでの狩猟に適した道具として弓矢が発明されたものと私は考えている。木の弾性を使って矢を飛ばすわけだから、弓はなるべく弾性の大きな素材を選び、矢は軽量化が図られる必要がある。そんな弓材に適した材料は何だろうか？　今の和弓は竹を主材として貼り合わせてつくられるが、先史時代の弓は木でできている。おそらく、弓を開発する中でさまざまな種類の木が試されたことだろう。そんな試行錯誤の過程を福井県鳥浜貝塚遺跡で垣間見ることができる。

この遺跡からは弓と思われる木材が少なからず出土したが、確実に弓であるといえるものはそれほど多くはない。両端が先細りに削られ、緩く湾曲した棒はまさに弓と言える（図5-9）。また、弓筈《ゆはず》があったり、さらに漆が塗ってあって樹皮（いわゆる桜皮）が巻きつけてあったりするものも

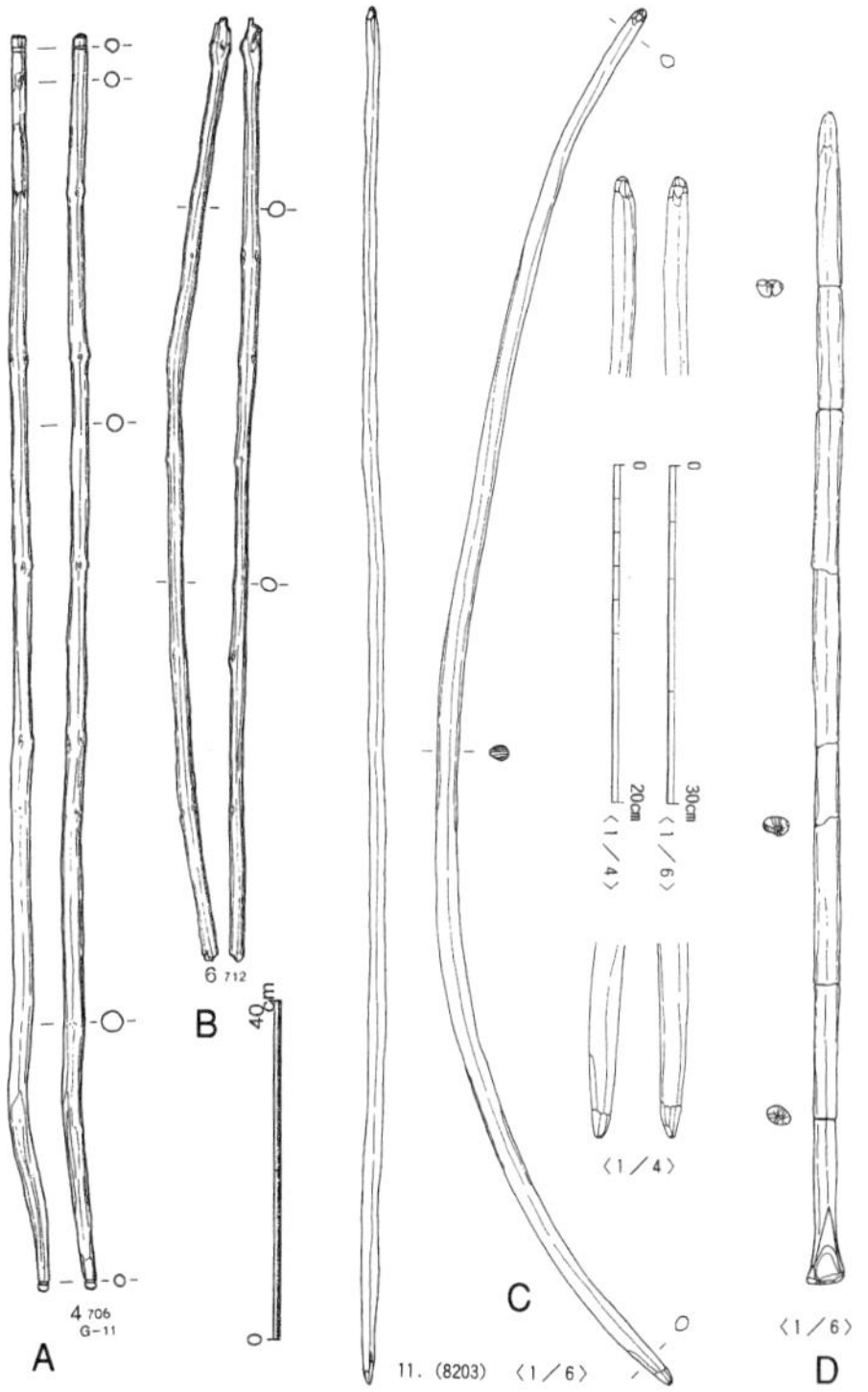

図5-9　縄文時代の白木の弓と尖り棒　A、B：イヌガヤ製の丸木弓で、それぞれ長さ156cmと110cm。埼玉県寿能泥炭層遺跡（埼玉県教育委員会、1984）。C：鳥浜貝塚遺跡の削り出しの白木弓で長さ約130cm（アカガシ亜属製）。D：鳥浜貝塚遺跡の丸木の尖り棒でムラサキシキブ属製。下側は平べったく削ってある（網谷、1996）。

図5-10　樹皮が巻きつけてある赤漆塗りの飾り弓　先端および左側は焦げている。ニシキギ属製（福井県教育委員会、1979）。

弓であるといえる（図5-10）。これらは適度の太さの木を選んで幹の枝を払い、樹皮をはがした程度のまま使った丸木の弓と、もっと太い幹を木の芯を取り除いて削り込んでつくった削り出しの弓があり、後者の場合には白木のままのものと、漆が塗ってあったり、桜皮や糸を巻いて紋様を創り出したものがあり、「飾り弓」と呼ばれる。鳥浜貝塚遺跡で飾り弓に使われていたのはもっぱらニシキギ属であった。

ニシキギ属というのは顕微鏡的に調べても一つ一つの種類が区別できないのでそう呼んでいるが、おそらくはマユミだろうと考えている。まさに、「真弓」である。鳥浜貝塚以降、ニシキギ属の飾り弓は下宅部《しもやけべ》遺跡、埼玉県の寿能遺跡、青森県の是川遺跡など、縄文時代後期、晩期では多くの遺跡で知られている。今に引き継がれる真弓の系譜がなんと六〇〇〇年前の縄文時代前期にすでに確立していたのは驚くばかりである。そして、もう一つの弓の素材にカバノキ属のミズメ、別名アズサがある。梓弓《あずさゆみ》である。下宅部遺跡は、東京都東村山市の西武線の西武園駅のすぐそばにあり、縄文時代後期の遺跡である。ここからは糸や樹皮を巻き、きれいに漆を塗った飾り弓が何本も出ていて、それらの樹種はニシキギ属とカバノキ属の木材であるという。これこそ正に最古の梓弓と言えるのではないだろうか。これ以外にも縄文時代後期以降、是川遺跡など、カバノキ属の飾り弓がいくつか知られており、真弓に比べれば数は少ないが、梓弓もやはり縄文時代から続く木の文化といえよう。

一方の白木の弓のカシ類というのはどうだろうか。鳥浜以外では白木の削り出しの弓というのはあまり知られておらず、ほとんどが丸木弓である。表5-3は、縄文時代と弥生時代で比較的多くの弓を出土した遺跡について樹種組成を示した。これは丸木弓も飾り弓も含んでいるが丸木弓の方がはるかに多く出土するので、大部分は丸木弓と思って差し支えない。また、鳥浜貝塚ではムラサキシキブ属が五五点もある。話はそれるが、これは弓とは言いきれないもので、尖り棒と呼んでいるものである（図5-9）。太さ三〜四センチ程度の丸木で、片方はだんだ

表5-3　縄文時代から弥生時代にかけての弓（尖り棒を含む）の樹種

樹種	遺跡名 所在地 時代	鳥浜 福井県 縄文	寿能 埼玉県 縄文	常代 千葉県 弥生	角江 静岡県 弥生	朝日 愛知県 弥生	唐古・鍵 奈良県 弥生	池上 大阪府 弥生	菜畑 佐賀県 弥生
アカガシ亜属		64							
ムラサキシキブ属		55							
イヌガヤ		28	28	9	1	2	24		
ニシキギ属		14	4						
イヌマキ					28	10			
カヤ								10	3
シイノキ									2
ヒノキ				1		2			
その他					4	2	1	1	

んと細まって先端は尖り、もう一方は扁平に削りこんである。同じような形をしたものがアカガシ亜属の六四点の中にもある。これが弓なのかどうか意見の分かれるところで、私は掘り棒ではないかと思っている。弓にしても掘り棒にしてもムラサキシキブ属の堅く緻密で粘り強い材質にうまくあった用材といえる。

話を丸木弓に戻すと、埼玉県大宮市の寿能泥炭層遺跡から出土した二八点の丸木弓すべてがイヌガヤで、飾り弓四点は鳥浜と同じくニシキギ属であった。下宅部遺跡でも丸木弓はすべてイヌガヤである。このように縄文時代中期以降になると東日本の多くの遺跡から丸木弓が出土するが、カシノキというのは一点もなく、また、イヌガヤ以外の樹種というのもたいへん稀である。どうも鳥浜の木材利用の系譜は飾り弓については受け継がれて今日までつながったが、丸木弓に関しては途絶えてしまったようだ。もっとも、鳥浜からは長さ三〇センチばかりの小型弓が七点出土していて、そのすべてがイヌガヤであった。この小型弓というのは狩りに使うものではなく、穿孔具と考えられている。

表に見られるように、丸木弓にイヌガヤを使う文化は弥生時代になっても引き継がれるが、イヌガヤ一辺倒というのではなく、さまざまなバリエーションが出てくる。その典型例が東海地方のマキ科のイヌマキ属である。イヌマキ属にはイヌマキとナギがあり、その分布から見てイヌマキだろうと推定しているが、これの丸木弓が東海地方の弥生時代の遺跡から少なからず出てくる。もちろんイヌガヤの丸木弓もあるのだが、それよりも圧倒的に多い。しかし、イヌマキが使われるのはこの時代の東海地方にほとんど限定されるようだ。一方、大阪和泉市の池上遺跡から出土した一一点の弓のうち一〇点がカヤであったという。カヤの丸木弓は西日本によく見られる。このほか、マツ属、シイノキ、ヒノキなど、いくつかの樹種が弓に使われた。

以上、弓材の系譜を見てきたが、弓は縄文時代のもっぱら狩猟に使われたものから、弥生時代以降、狩猟とともに武器としての機能を持ち、より強い弓が求められるようになる。その結果、一木づくりから木を貼り合わせたもの、そして素材に竹を加えたものになってきたことがわかる。

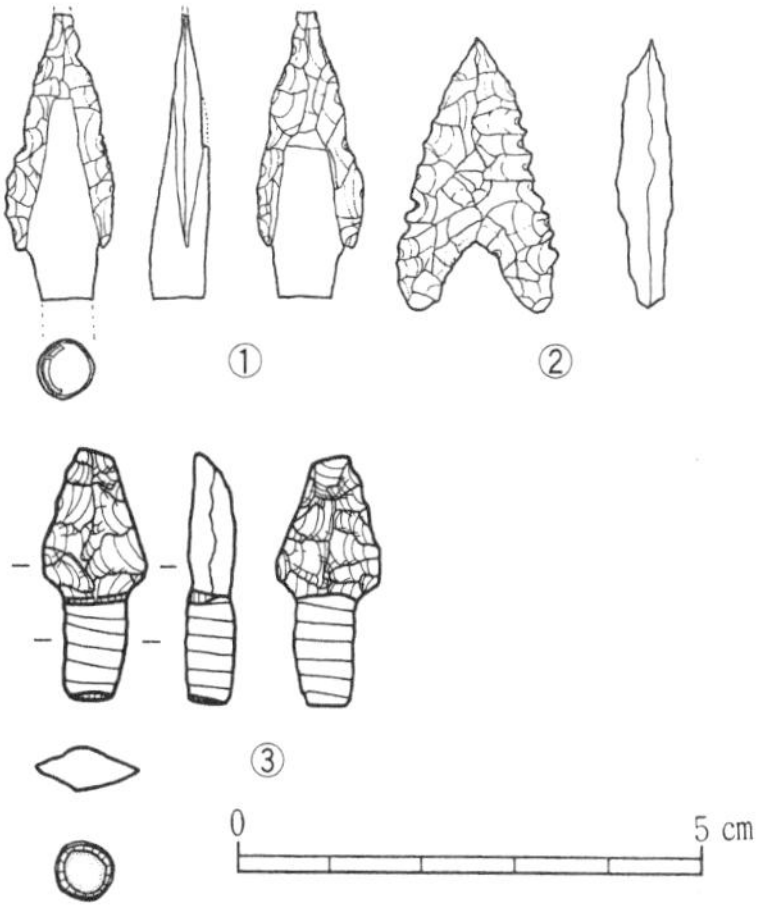

図5-11　笹類の矢柄のある石鏃　1、2：寿能泥炭層遺跡（縄文後期）。普通、2のような状態で出土するが、1では下側にアスファルトが筒型についており、その中に矢柄の小片が残存していた。矢柄の材質は笹類の桿であった（埼玉県教育委員会、1984）。3：矢柄が糸で固定してある仙台市中在家南遺跡（弥生時代中期）の石鏃（仙台市教育委員会、1996a）。

それでは矢の方はどうなったか、というと、矢じりが石製から鉄製になってきたのはもちろんだが、矢柄に関しては資料が少ない。上に登場した寿能泥炭層遺跡では石鏃《せきぞく》にアスファルトで接着した矢柄の先端部分が残っており、それは笹類の桿が使われていた。同様に、仙台市の中在家《なかざいけ》南遺跡でも、弥生時代中期の石鏃に矢柄が糸で巻いて固定してあり、肉眼での観察で、この矢柄は笹類の桿であると判断した（図5-12）。笹類の桿は太さ、通直さ、軽さ、丈夫さのどれをとっても矢柄に最適といえる。ヨーロッパなどとは違って日本列島には笹類が豊富なので、われわれの祖先は弓矢の発明以来、大いに重宝したことだろう。

5　ユズリハとカシ――縄文と弥生の石斧の柄

常緑樹と落葉樹の違いは、一年中葉がついているか否かで、葉が何年も寿命がある木はみな常緑樹である。ユズリハは今年出た葉は翌年の新しい葉が展開してから落ちるのでぎりぎり常緑樹の仲間入りをしている。このように親から子へと代々引き継がれることから「譲り葉」の名があり、家督が絶えることないめでたい木であるとして正月飾りに使われるというわけである。

このユズリハ、おめでたいのはいいとしても、小高木で幹があまり太くならず、材は柔らかいことなどから、木材としてはあまり利用されない。しかし、縄文時代の人々にとっては、この木がたいへん重要な役割を果たしていたことがわかってきている。

鳥浜貝塚遺跡から出土した木製品の中で目につく道具に石斧の柄がある。総計で一八〇点と、この遺跡では異様と思えるくらい多数の石斧柄が出土した。その形態からこの遺跡の調査に従事してきた網谷氏は鋭角型と鈍角型、そして鋭角型をⅠ類からⅢ類までに分けた（網谷、一九九六）。われわれはその樹種を調べたのだが、この型式とほとんど符合して樹種の選択がなされていることがわかった（表5-4）。これらの石斧柄は木の幹から枝が斜め上に出るところを利用するもので、枝を手に持つ柄とする。鋭角型はちょうど足の膝を曲げたような形なので膝柄《ひざえ》と呼ばれている（図5-12）。鋭角型と鈍角型は、幹に装着する石斧の刃の向きが逆だったと考えられる。鋭角Ⅰ類とは石斧の装着部がソケット型にくりぬかれているもので、ここに石斧をはめ、ひもで縛ったようだ。その他の鋭角型はソケット状になっていないもので平らにした面に石斧を当てひもで縛ったものなどである。一八〇点のうち大部分（一四八点）が鋭角Ⅰ型で、その他の鋭角型は二一点、鈍角型とされたものは一一点しかない。

表5-4　鳥浜貝塚遺跡の石斧柄の樹種

樹　種	鋭角Ⅰ類型	その他の鋭角型	鈍角型	計
ユズリハ属	123			123
クマノミズキ類	0	15		15
スダジイ	9			9
ヤブツバキ	2	2	6	10
カエデ属	5	1	1	7
クヌギ節		3	3	6
サカキ	2			2
トネリコ属	2			2
ハンノキ	1			1
モクレン属	1			1
サクラ属	1			1
ナシ亜科	1			1
エゴノキ属	1			1
散孔材一種			1	1
合　計	148	21	11	180

（能城他、1996より作成）

樹種は鋭角I類のほとんどがユズリハ属であることがたいへん興味深い。次いでスダジイがあるもののわずか九点で、ほとんどユズリハ属一辺倒といってよいくらいだ。ユズリハ属にはユズリハとヒメユズリハがありいずれも照葉樹林の主要な要素だが、ヒメユズリハは海岸部に限られる。なお、本州から北海道にかけての日本海側の多雪地帯にはユズリハの変種のエゾユズリハがあるが、これは低木で石斧柄はとうてい作れない。木の大きさ、幹がまっすぐに成長することなどから鋭角I類型の石斧柄にしたのはユズリハではないかと思う。これに対してその他の鋭角型のほとんどがクマノミズキ類であった。クマノミズキ類というのはクマノミズキかヤマボウシで、この両者は材では区別がつかない。ただ、ヤマボウシの方が緻密で粘り強いので、こちらである可能性が高いと踏んでいる。そして、鈍角型はユズリハともヤマボウシとも違ってヤブツバキが六点をしめる。鈍角型は樹木の伐採などに使われたとは思えない形態で、違った用途を持っていたのだろう。この遺跡ではヤブツバキは櫛や他の漆塗り製品、棒状の木器など結構広く使われている。材質からしても堅く強靱で粘り強く、石斧柄に適していると考えられるのだが、典型的な石斧柄である鋭角I類にはたった二例しかないというのはどういうことだろう。ユズリハの太さ二センチ、長さが六〇センチほどの柄の先に石斧を装着して振り回すわけで、いかにも頼りなく思える。

縄文時代の石斧の柄は、このようなタイプが多く、使われている木材の樹種はニレ属、コナラ節、カエデ属など遺跡によってさまざまである。

ところが弥生時代になると形が一変する。図5-13は神奈川県の池子《いけご》遺跡から出土した弥生時代中期の石斧と柄である。野球のバットのような棍棒の先に楕円形の穴を開け、そこに石斧をはめ込んで使うもので、直柄《なおえ》という。石斧のほうは形が似ているので大型蛤刃《はまぐりば》石斧という。関東地方南部より西の地方ではいずれもカシノキなのである。カシとはブナ科コナラ属のうち常緑性のアカガシ亜属の総称だが、アラカシ、アカガシ、イチイガシ、ツクバネガシなどたくさんの種類がある。このどれもが使われたのか、あるいは特定の種類なのかはよくわかっていない。というのは、アカガシ亜属の木材構造は互いによく似ているので顕微鏡的には区別が難しい。最近、DNAで樹種を同定する試みが始まったが、いまだに成功していない。ともかく、カシノキを削ってそこに石器をはめ込むという、縄文とはまったく違った

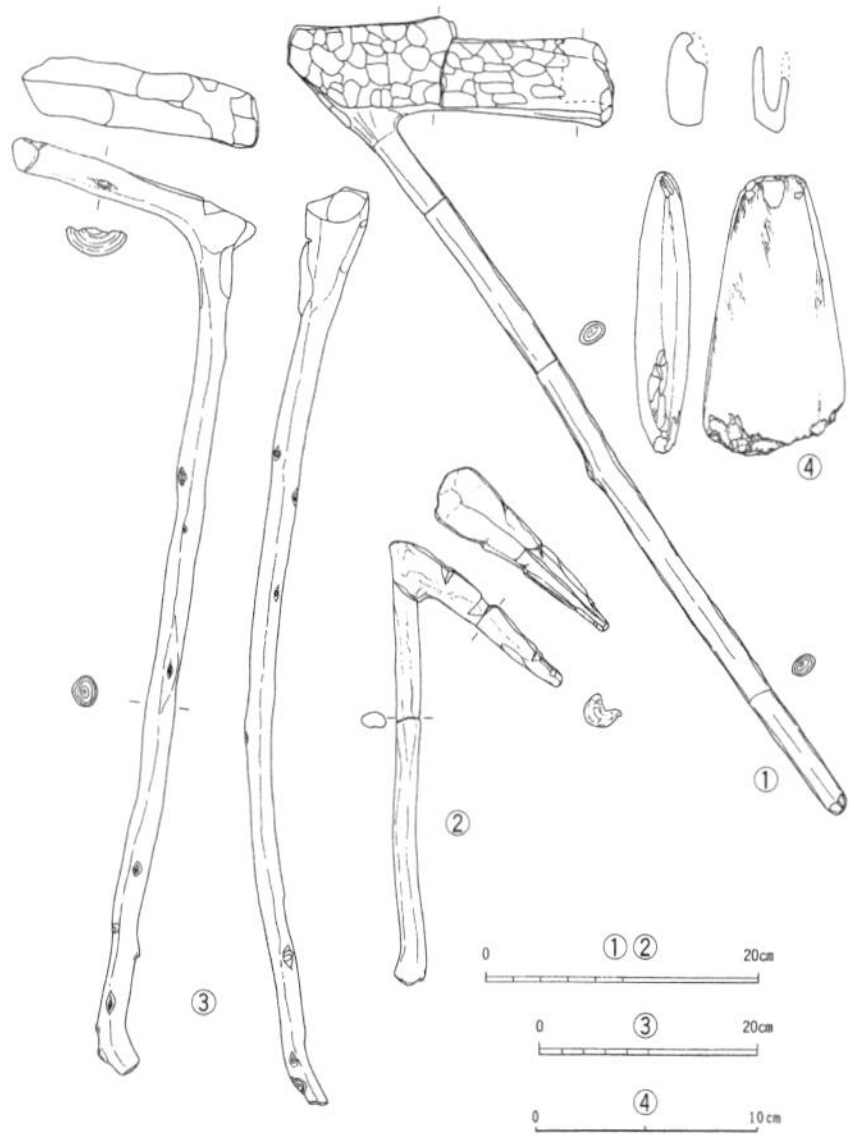

図5-12　縄文時代前期（鳥浜貝塚遺跡）**の石斧柄と石斧**　1：鋭角I類、2：鋭角III類、3：鈍角型（網谷、1996）。4：磨製石斧（福井県教育委員会、1979）。

スタイルである。

金属が使われる以前はナイフ、矢じり、斧など、刃物はすべて石製であった。日本で本格的に金属の刃物が使われるのは弥生時代の後半になってからで、それまでは木を伐る道具はもっぱら石斧だったわけである。今の鉄の斧に比べると石の斧はいかにも切れ味が悪そうに思える。しかし、縄文人も弥生人も直径一メートルにもなる太いクリの木を伐って加工しているし、大量に木材を使用して家をつくり、土木工事をやっているのを見ると、そうでもないようだ。

さて、この二つの代表選手、実際に木を伐るうえでどちらが優れているだろうか？　次章で紹介するように、二〇〇一年の夏に石斧での伐採実験をおこなった。直柄の石斧は野球のバッティングよろしく、体力に任せて切りつけると、おもしろいように切れた。それに対して、膝柄では刃を打

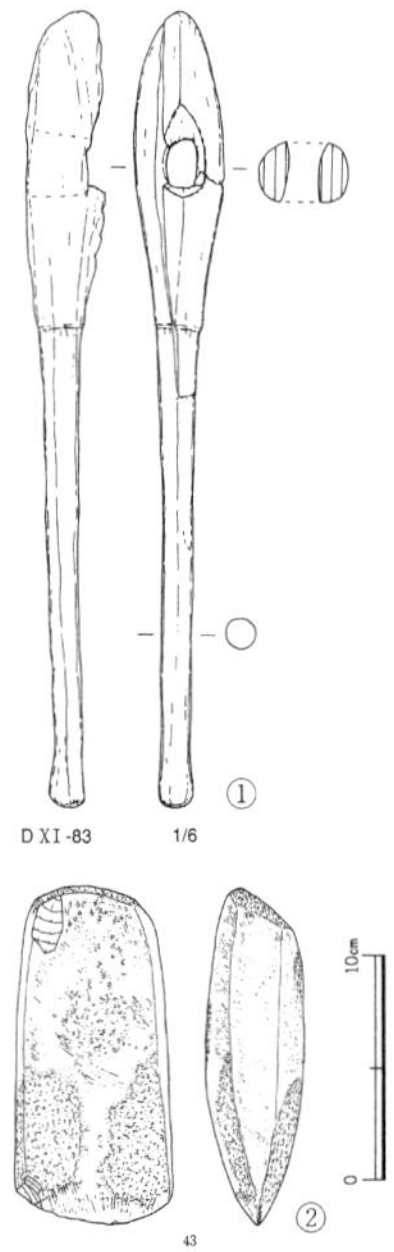

図5-13　弥生時代中期（神奈川県逗子市池子遺跡）**の石斧柄と大型蛤刃石斧**　バット型の直柄の先に穴があり、そこに石斧をはめ込む（かながわ考古学財団、1999）。

ち当てるポイントのコントロールがむずかしく、力任せというわけにはいかなかった。縄文の斧は力任せでなく、柔らかい木の細い枝を柄にすることにより、しなりを十分に生かしているといえるだろう。縄文の斧はサクッ、サクッと木を削り、弥生の斧はガツン、ガツンと幹に食い込んでいった。縄文は静かに、ゆっくり時間をかけて、弥生は力任せに効率よく、という感じである。縄文から弥生への転換は効率化の追求の始まりで、その後も途方もない速度で進んで、息つく間もない現代社会へとつながっているのかもしれない。

6　丸木船で海を渡って

日本列島に人々が住みついたのはいつの頃からかよくわからないが、氷河時代以来、ある時は地続きとなった陸橋を通って、あるいは海峡を渡って、何度も何度も大陸から人々が日本列島に来たことだろう。初期には筏のようなもので人々は海を渡ってきただろうが、そのうち、船が使われるようになった。

原始的な船といえば、丸太をくりぬいてつくった丸木船（図5-14）であり、全国の遺跡からは百艘を超える数が出土している。ただ、丸木船は大きいし、土木工事などで、船だけが単独で発見されることも多いので、船の正確な年代がわからないことが多い。これまでに知られている古い船は縄文時代前期のもので、福井県の鳥浜貝塚遺跡、千葉県の加茂遺跡が知られている程度で出土例は少なく、縄文時代後晩期、弥生時代などになると出土例も多くなる。

丸木船をつくるには直径六〇センチ、長さ五メートル以上の大木が必要で、多くの場合は直径一メートル近いものが使われている。火で焦がしながら石器を使って彫り込んだあとが見てとれ、一艘をつくるには多大な時間と労力を要したことだろう。

丸木船は関東、東海、近畿地方に多く、九州、四国などには少ない（表5-5）。これはどうやら調査の密度が濃いところではたくさん見つかり、薄いところでは少ない、ということも大いに関係しているようだ。都道府県別に見ると、多いのは千葉県、静岡県、大阪府、埼玉県などで、千葉県では特に九十九里浜に面した地域から多く知られている。もちろん海岸に近いところに多いのは当然ながら、琵琶湖を擁する滋賀県、諏訪湖のある長野県など、内陸部でも少ないながらも丸木船の出土例はある。

船づくりに使われていた樹種を見ると、北海道から九州まで二〇種以上が使われていることから、まず第一には船になる大きさの材が得られれば特定の樹種でなければならない、ということはなかったように思われる。全国的に見ていちばん多いのはスギであり、東海地方、日本海側の地域で特に多く見られるのはスギの天然分布を反映したものといえる。ついで、カヤ、マツ類（アカマツとクロマツ）の針葉樹、広葉樹ではクスノキとクリが多い。北海道で大木となる樹種としてカツラ、トネリコ属（おそらくヤチダモ？）の船が知られている。東北ではスギ、クリなどの他、ナラ類、ケヤキなどもある。関東ではカヤがもっとも多く、マツ類、クリもかなり多く、スギは少ない。ムクノキ、モミ、オニグルミなど多彩な顔ぶれがある。東海地方ではスギが圧倒的に多い。近畿をはじめ西日本ではクスノキが多い傾向にある。

ちょっとミステリアスな例としては長崎県の伊木力遺跡のものと大阪市福島区の中央市場から出たものがある。伊木力遺跡の縄文前期の地層からは直径一メートルもある大木の板状のものが出土し、丸木船と考えられている。この樹種はセンダンで、今では全国を捜しても一メートルにもなる

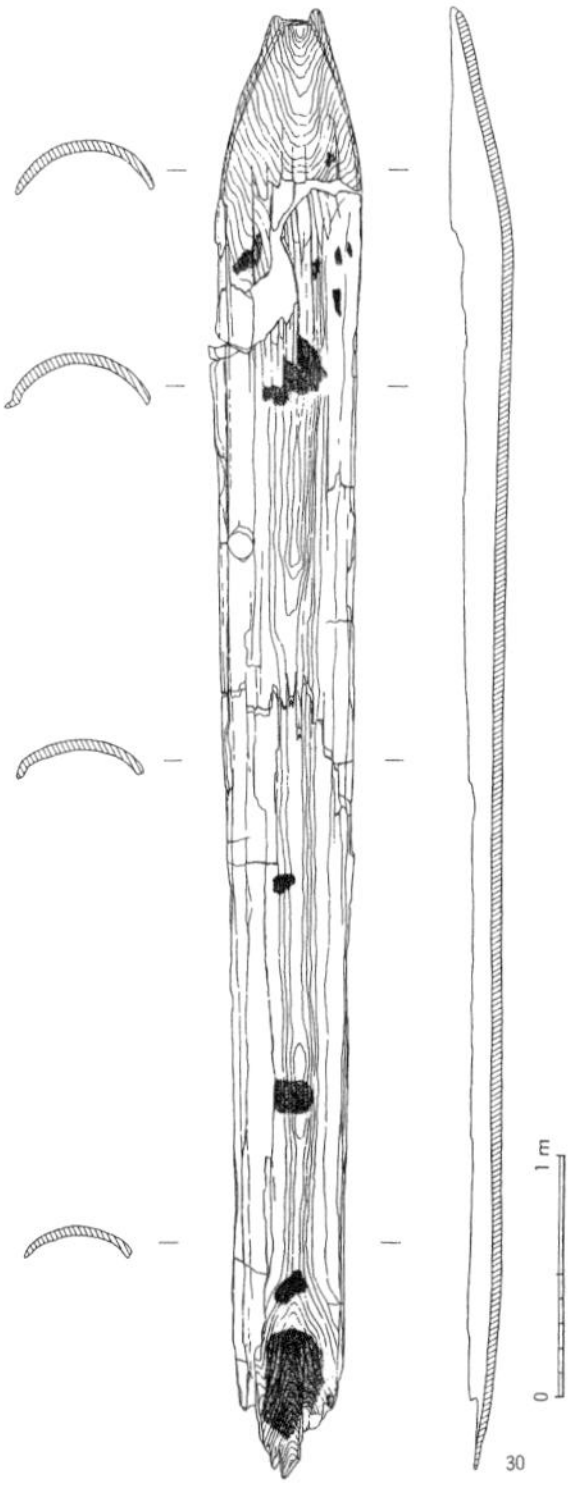

図5-14　鳥浜貝塚遺跡の縄文時代前期のスギの丸木船　長さ608cm、幅63cm、内側のいちばん深いところで21cm、材の厚さは4cmととても華奢なつくりである（網谷、1996）。

センダンの木はまずない。センダンは日本が分布の北限で、中国及び東南アジアに広く分布し、大木も多い。長崎県は東シナ海に面している。してみるとこれは東南アジアあるいは中国方面から民俗学の柳田国男氏が提唱した海上の道を通ってたどり着いた船ではないか、との推測をかき立てる。

大阪の船は大阪城内の大阪市立博物館に展示されているもので、古墳時代のものとされ、たいへん大きい。これの船材の樹種がなんと東南アジアに広く分布し、日本にも木材が大量に輸入されているフタバガキ科のラワンの仲間だというのである。これこそ間違いなく東南アジアからのものである。

表5-5　丸木船の樹種と出土府県

樹種名	例数	5例以上の府県
スギ	48	静岡県 30
カヤ	32	千葉県 25　埼玉県 7
二葉松類	19	茨城県 9　千葉県 6
クスノキ	15	大阪府 7
クリ	14	埼玉県 7
モミ	6	
コナラ	5	
ムクノキ	5	
カツラ	5	北海道 5
その他21樹種	31	
総　数	180	

全国で5例以上の樹種、府県をあげた
（島地・伊東1988より作成）

もちろん伊木力遺跡の船にしても大阪の例にしても、それが人やさまざまな文物を乗せて海上の道を渡ってきたものか、あるいは単に漂着したものかは定かではない。しかし、このような船の存在は、縄文時代以降、あるいはそれ以前も黒潮に乗ってさまざまな人や文物がわが国にもたらされたことを如実に物語っているだろう。

船を推進させる櫂の方も多様であるが、地域あるいは遺跡によって特定の樹種に集中する傾向が見られる。表5-6に載っている集計では、イヌガヤはすべて千葉県だけであるし、シイも大阪府に限られ、ヤマグワの大部分が鳥取県である。この他、カヤ、ヒノキ、スギ、クヌギ、ケヤキなどが使われている。一方、この集計には入っていない鳥浜の縄文時代前期の櫂ではおもしろい結果が出ている（表5-7）。板材を細長く削り込んで櫂をつくるが、木取りには柾目と板目がある。板目の櫂はケヤキ、ヤマグワが多いもののスギ、ムクロジ他多くの樹種が使われていたが、柾目の櫂は圧倒的にヤマグワが多く、ケンポナシ属は柾目でしか使っていなかった。木取りが板目と柾目では櫂の作成上、樹種によってかなり違うことが考えられる。柾目と板目にそれぞれ割りやすい木という単純な選択なのか、あるいは使用上の強度などの違いなのか調べてみる必要がありそうだ。この他、形、特に柄頭の形にいろいろとバリエーションが

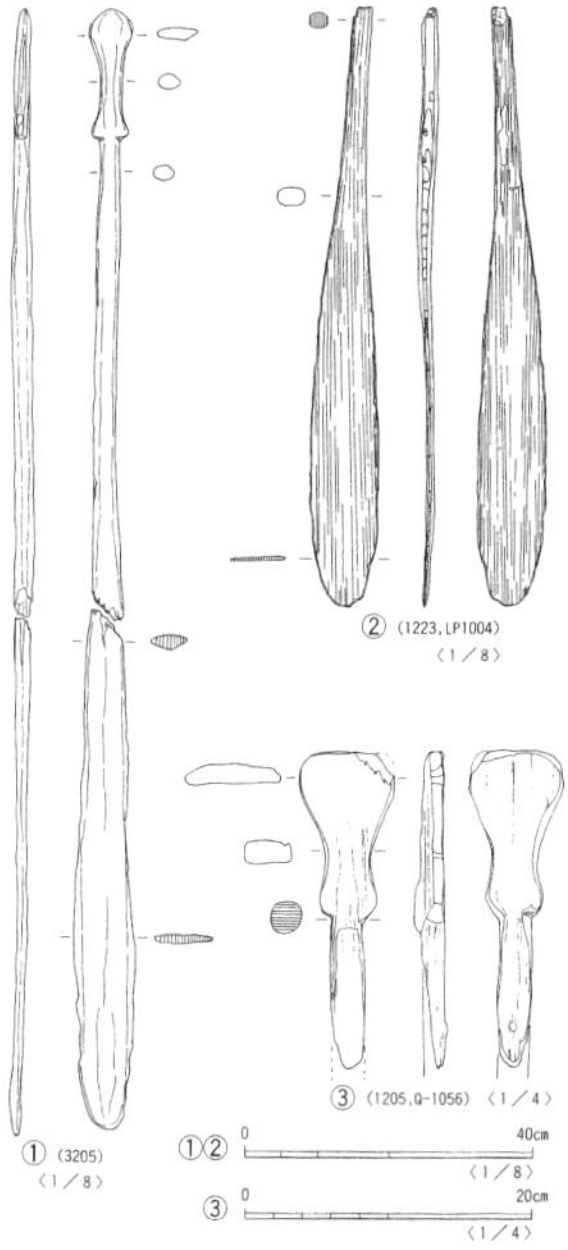

図5-15　鳥浜貝塚遺跡の縄文時代前期の櫂　1は長さ150cm余りで幅は9cmしかない、たいへんスマートなものである。2は上半分は折れているもの。いずれも柾目取り。3は柄頭の部分で板目取りである（網谷、1996）。

表5-6　櫂の樹種と出土府県

樹種名	例数	3例以上の府県
イヌガヤ	11	千葉県 11
ヤマグワ	11	鳥取県 9
カヤ	8	埼玉県 4　千葉県 3
ヒノキ	6	大阪府 4
スギ	5	
シイ	5	大阪府 5
クヌギ	5	埼玉県 3
ケヤキ	4	福井県 3
その他4樹種	5	
総　数	60	

全国で3例以上の樹種、府県をあげた
（島地・伊東1988より作成）

表5-7　鳥浜貝塚遺跡の櫂の木取りと樹種

樹種名	板目	柾目	合計
ヤマグワ	6	27	33
ケヤキ	7	4	11
スギ	3	1	4
ケンポナシ属		4	4
ムクロジ	2	1	3
アカガシ亜属	1	1	2
その他	5	1	6
合　計	24	39	63

1点のみの樹種はその他に一括した
（能城他1996より作成）

あり（図5-15）、当時の人が自分の櫂にそれぞれ意趣をこらしたのかもしれない。
船といっても内湾、湖水、川、それに外洋と活躍する場でそれぞれサイズや仕様が違っていたことは容易に想像される。縄文時代からの船を使っての交流はなにも西からのこのルートに限られるものではない。また、日本にたどり着く一方というよりも、中国東部・朝鮮半島と九州・山陰地方、沿海州と北海道・東北地方など、東シナ海や日本海を縦横に渡っての双方向の交流も十分考えられる。北陸地方などの日本海側にはスギの丸木船が多いので、大陸には生育しないスギの丸木船が朝鮮半島や沿海州で発見される日も遠くはないのではないか。

6章　縄文の巨木文化とクリ

1　クリの巨大建築物

三内丸山遺跡の六本柱建物

　これまで縄文時代に端を発するさまざまな木材利用のうち、特徴的なものを取り上げて説明してきたが、縄文時代の木の文化といえば、なんといってもクリである。「クリの巨木文化」といったりする。使われているのは直径が一メートル以下の木なので、スギやアメリカのセコイアの大きさと比べたら「巨木」というのはちょっと大げさな気もするが、木を伐る道具といえば石斧のみであった時代に直径一メートルにもなる木を伐り、運び、立てた、という仕事量のたいへんさからいえば、巨木と表現してもよいかと思う。

　クリの一メートルにもなる巨木を利用している例としてよく知られているのは、青森県の三内丸山遺跡で、ここでは、写真にもあるように、直径二メートル、深さも二メートルもある穴が六つあいていて、その中に直径約一メートルのクリの柱根（柱の一番下の部分）が残っていたのである。ところで、穴の直径二メートルで木は直径一メートルあったのだが、この穴に立てられていたクリの木の高さはいったい何メートルだったのだろう、と誰しも知りたくなるだろう。これについては、いろいろな研究者が二〇メートルだとか、一五メートルだとか、三〇メートルだとか、さまざまな説を出したのだが、ある建設会社が、この穴の下の泥がどのくらい圧縮されているのかを測定して、その結果から、底にかかっていた荷重を計算し、柱の高さは二〇メートルだったという推定値を出している。

そしてそれも、上は櫓状だったのか、あるいはただの柱が立っていただけだったのかという議論はまだ続いているのであるが、ともかく深さが二メートルもある穴を掘らなければならないということは、相当の高さがあるものを立てなければならないということであって、なにも高さ二、三メートルしか地面の上に出ないものを立てるのには、こんな深い穴を掘る必要はなく、柱の太さよりもちょっと大きめの穴でよい。したがって、この穴には、かなり大がかりな建築物になる、ある程度以上の長さの柱を立てたと考えるのが妥当のようだ。

現在、六本柱の櫓状の構造が復元されているが、これに用いたクリ材は国内では調達できず、ロシアから輸入したものである。縄文時代にはこんなクリの大木がたくさんあったのだろう。

図6-1　三内丸山遺跡の巨大な6本柱建物（縄文時代中期）の巨大な柱穴　直径、深さとも約2mの穴が4.2mの間隔をおいて正確に配置されている（青森県教育委員会、1996）。

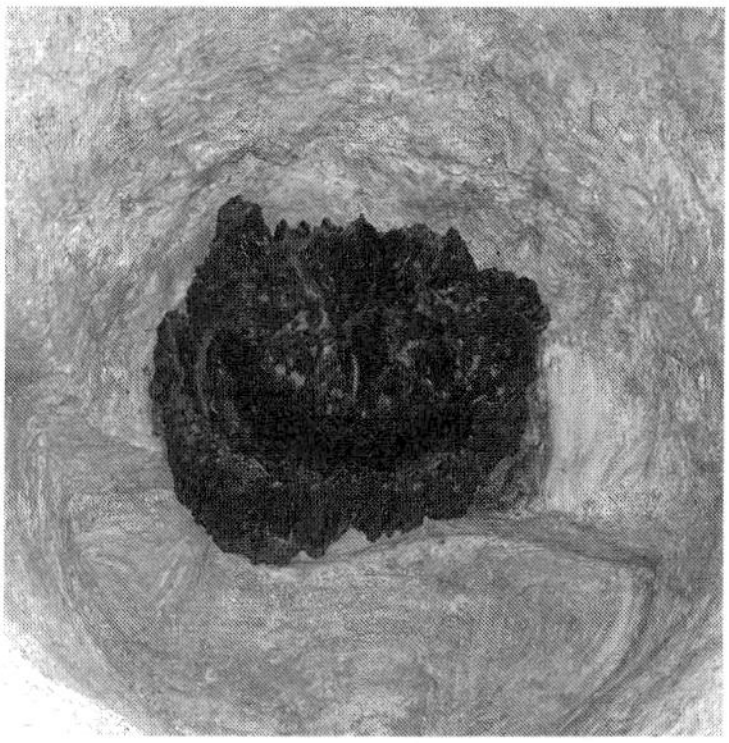

図6-2　三内丸山遺跡の6本柱建物の柱根（柱の根本部分）。直径約1mのクリ材である。年輪の幅は広くとてもよい成長をした木である（青森県教育委員会、1996）。

図6-3　復元された6本柱建物（三内丸山遺跡）　用いられた6本のクリの巨木はロシアからの輸入品（青森県教育委員会提供）。

北陸のウッドサークルとトーテムポール

富山県小矢部市の国道八号線のバイパス脇にある桜町遺跡からはクリの大きな建築材がたくさん出てきた。ここではわたり顎と呼ばれる建築上の木組みの仕口が認められ、後世の木造建築の基本的技術がすでに縄文時代中期に認められた重要な遺跡である。高床式の建物の木材を再利用した水場遺構が見られ、これらの木材からもとの建物が復元できるほどである。その中に、どこに使用したのかどうにもわからないY字型をしたクリ材がある。幹の太さが五〇センチほどの木で二又に分かれた部分を使い、長さ二・五メートルほど、Y字に広がったところの幅は一・一メートルほどである。ここ桜町遺跡ではこればかりでなく、建築部材とみなされる縄文時代中期の木材が、そして縄文時代晩期では次に述べる石川県のものと同様の半切柱材のウッドサークル、木の実の水さらし場遺構などが見つかっていて、そのほとんどがクリ材でできている。

隣の石川県にいくと時代は下って縄文時代晩期になるが、金沢市のチカモリ遺跡や能登半島の能都町の真脇遺跡などにはクリ材のウッドサークルがある。チカモリ遺跡ではクリ材を半割にして削り込んだ八から一〇本の柱を、弦側を外に向けて直径三・五～八メートルの円形に立てた縄文時代晩期の遺構が知られている。円形に並んだ木柱のところに一対の半円柱が向かい合っていて、これは入り口に当たるのではないかとして、調査にあたった南久和氏はこれを正円形プラン家屋と呼び、居住するための一般の竪穴住居とは違った「特殊家屋」であると考えている（金沢市教育委員会、一九八三）。

真脇遺跡は縄文時代前期の土層から大量のイルカの骨が出ており、縄文人のイルカ漁を示す遺跡として有名であるが、ここのウッドサークルも、やはり晩期のものである。最大の柱は直径一〇五センチを超え、やはり半切にした弦の側を外に向けて一〇本が配列されていたようで、直径五・三メートル、五・二メートル、七・三メートルの三環がある。真脇遺跡では縄文時代前期のイルカの骨に埋もれて直径四五センチ、長さ二・五メートルもある彫刻の施されたクリの柱が見つかり、トーテムポールと称されている。

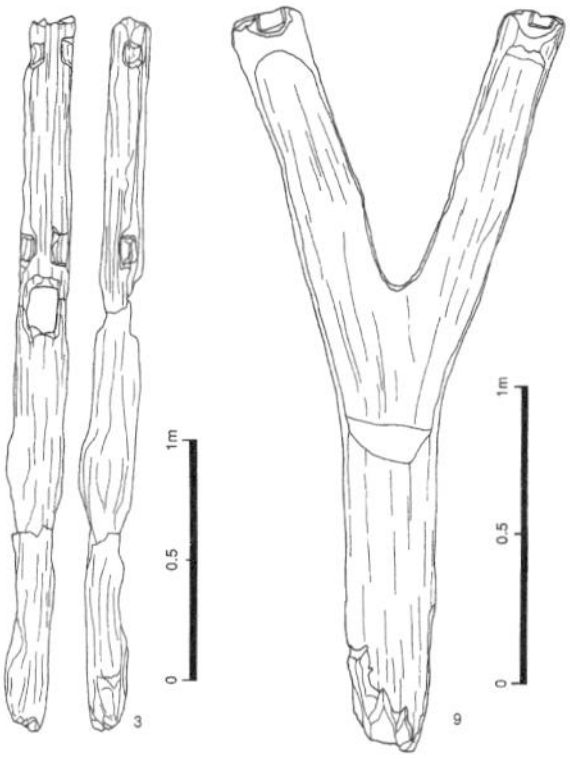

図6-4　富山県桜町遺跡のY字材（右）と柱材（左）。Y字材は長さ2.6m、下部の太さは37cmほど。柱材は長さ2.9m、太さ24cmほどで、ほぞ穴1つと渡り顎が2カ所ある（桜町遺跡発掘調査団、2001）。

大型住居

縄文時代も前期以降になると、大きな住居の存在が各地の遺跡から知られるようになる。これらは基本的な方形の住居から、柱を多くすることにより長さを二倍、三倍と増しどんどん大きくなる

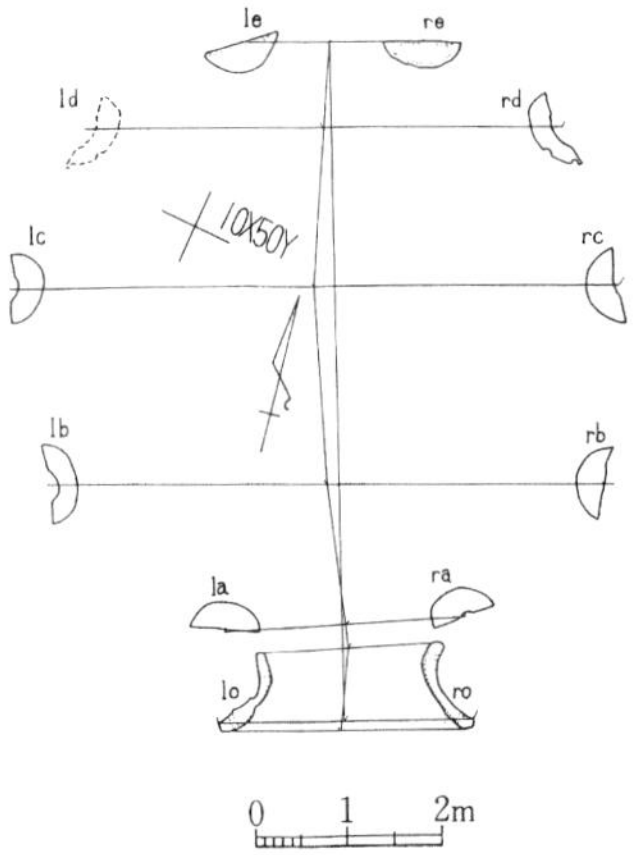

図6-5　金沢市チカモリ遺跡のウッドサークル（縄文時代晩期）。半截されたクリの木弦を外側に直径約6mの正円にほぼ等間隔に10本並び、1カ所に半截木の内側をえぐった1対の材がある。南氏はこれを入り口と見なしている（金沢市教育委員会、1983）。

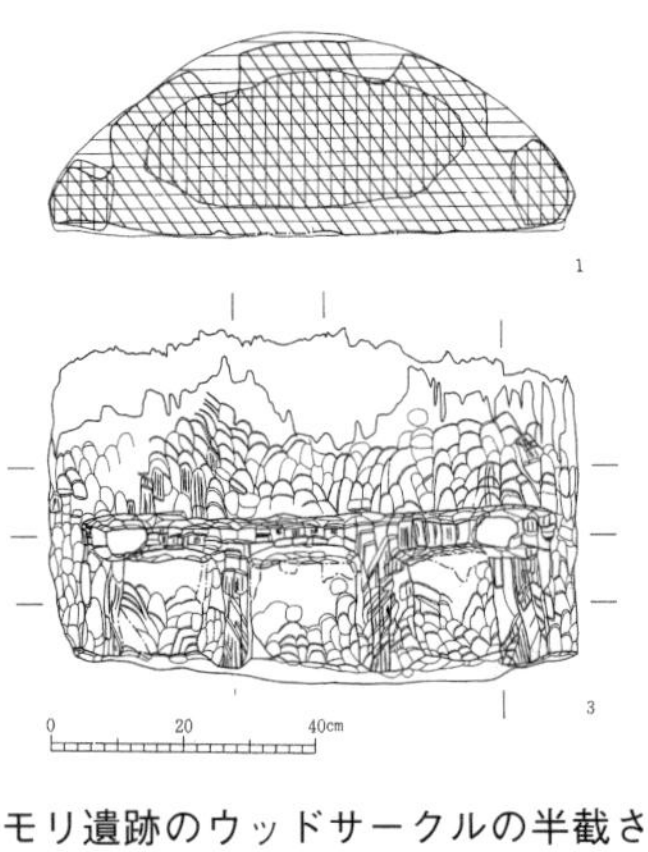

図6-6　金沢市チカモリ遺跡のウッドサークルの半截されたクリの木　直径約90cmくらいの丸太を半割にして削り込んでつくってある。運び出すときに引き綱をかけるための穴や溝がある（金沢市教育委員会、1983）。

もので、ロングハウスとも呼ばれる。三内丸山遺跡では長さ約三二メートル、幅約一〇メートルもの竪穴住居が知られ、これは個人や家族の居住用ではなく、村全体の共同作業所などとして使われたと考えられている。復元されたこの家屋（カラー口絵10）を見ると、クリの巨木があってはじめてこのような家屋が可能になったことがよくわかる。このほか、クリの大材が縄文時代にはさまざまに利用されていたことが各地の遺跡から発見された遺構から知られるようになった。まさに、縄文時代はクリの巨木文化といって差し支えないように思う。

2　広範なクリ材の利用

三内丸山遺跡の木製品と炭化材

大きな木の利用はこんなぐあいだったけれども、小さい木はどうだったのだろうか。

表6-1は、三内丸山遺跡で、第六鉄塔地区と呼んでいる発掘区から出てきた木材の樹種組成と、この地区からはたくさんの炭が出てきており、それがなんの木かというのを調べた結果をいっしょに示してある。この炭化材を調べたのは東京都立大学の学生だった前田純子さんで、卒業研究として、半ば仙台に住みついておこなった。

この表からわかるように、木製品や木材にもいろいろな樹種があるのだが、いちばん多いのはクリで、柱、板、棒、漆を塗った器など、いろいろなものが出土していて、そういったものに使われていた木材の三四・五%がクリだったことがわかっている。それから、アスナロ、いわゆるヒバが一七%、カエデの仲間が八・六%、トネリコ、アオダモ、ヤチダモの仲間が六・八%など、たくさんの種類の木が使われていたことがこの表からわかるであろう。

では、炭はどうかというと、出てきたもののじつに八〇%がクリの木であった。その炭がどういう意味を持っているのかというのは考古学的に難しい問題で、たとえば家が焼けたら炭ができるし、土器焼きをすると炭が出る。山火事のあったときにも炭が出る。したがって、遺跡から出土してきた炭がどういう性格のものかというとその判断は難しいのであるが、これが出土した区域は遺跡の北側の斜面に位置し、ここはゴミ捨て場であったとみなされているから、そうしたもろもろの炭がゴミとして捨てられた結果として溜まったものだと考えられる。もちろん燃えてない木も捨てられたのだろうが、炭化していない部分は腐ってなくなってしまったというわけである。ともかく、燃やされた木の大

表6-1　三内丸山遺跡 第六鉄塔地区の木材と炭化材の樹種

樹種名	木製品・木材	炭化材
クリ	34.5%	80.7%
アスナロ	17.0%	
カエデ属	8.6%	4.4%
トネリコ属	6.8%	1.7%
ヤマグワ	4.7%	0.5%
ニガキ	4.7%	
ニレ属	4.2%	1.2%
コナラ節	4.2%	0.8%
オニグルミ	2.6%	1.4%
キハダ	2.3%	2.3%
その他	10.9%	7.0%
合　計	383	775

いずれも2%未満はその他に一括した
（前田・鈴木1998より作成）

図6-7　クリの炭化材（右）と埋れ木（左）の顕微鏡写真　炭化材は北海道南茅部町の垣ノ島A遺跡の消失住居（縄文時代後期）。埋れ木は三内丸山遺跡6本柱建物の柱根。いずれも横断面で約50倍。

部分がクリだったということがわかっているのである。

東日本の縄文時代はクリだらけ？

縄文遺跡の建築材と炉跡などの炭化材を長年にわたって調べた故千野裕道氏（一九九一）によると、北海道から岐阜県までの一七の縄文時代遺跡の二三の住居址のすべてにおいてクリ建築材が検出され、そのうちの九例はクリのみで構成されていたという。また炭化材の樹種が調べられた関東地方の一二の縄文時代遺跡の一八の遺構のうち、一一の遺構からクリ材が出土し、そのうち、七つの遺構はクリのみで構成されていた。炭化材の樹種の調査は断片的であるため、挙げられている例が少ないように見えるが、東日本の縄文時代の建築材や炭化材を調べると必ずといってよいほどクリが出てくる、ということができる。このことは一九八〇年代までの遺跡出土木材の樹種を集計した資料（山田、一九九三）を参照するとよくわかる。

また、埼玉県大宮市の寿能泥炭層遺跡では、台地の下に広がる水田であった場所から縄文時代中期から後期を中心に土器や石器、木製品とともに大量の木材が出土した。明らかになった遺構の中には縄文時代後期の岸から湿地に向かって二〇〇本以上の打ち込まれた杭列があり、その四分の三がクリ材であった。ほとんどが丸木で、ときには半割したものなどがあり、その太さは多くは一〇～一五センチ、長さは残存している部分で一メートルを超すものが多く、二メートルに達するものもある（埼玉県教育委員会、一九八四）。この杭に限らず、一般に竪穴住居や土木用材に用いられているクリ材は直径が一〇～二〇センチ程度の樹皮つきの丸太材がほとんどで、その樹齢を見ると一〇～一五年前後のものである。現在の雑木林で見られるクリでは、このくらいの樹齢だと樹高が一〇メートル前後で幹が通直であり、確かに

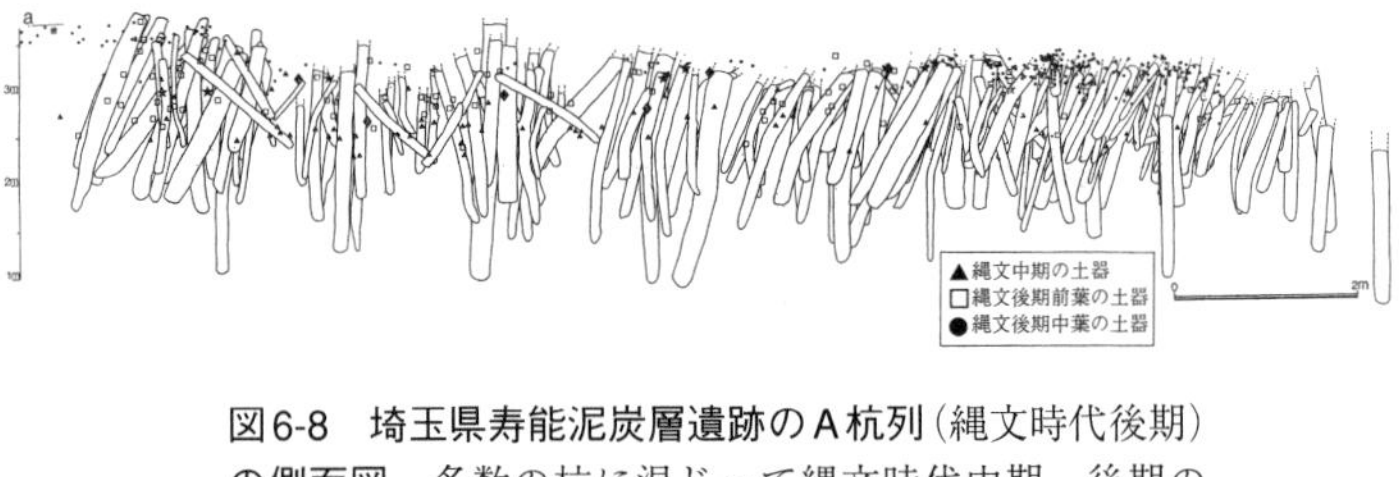

図6-8　埼玉県寿能泥炭層遺跡のA杭列（縄文時代後期）**の側面図**　多数の杭に混じって縄文時代中期、後期の土器片がたくさん出土した（埼玉県教育委員会、1984）。

柱材や杭材を得るには好適である。杭材は残存しているのが一〜二メートルだが、本来はこれよりさらに一メートルくらいは長かった考えられるので、立木一本を伐り倒して得られる杭の数は二〜三本となる。したがって上記の杭列をつくるには一〇〇本近いクリが伐り倒されたことになる。この遺跡には他にもいくつかの杭列があり、さらに列にはなっていない杭も多数出ており、それらをまかなうには数百本のクリが必要だったことだろう。

クリの性質

クリは植物学的にいうと、ブナ科クリ属のクリで、北海道札幌付近より南、九州は屋久島まで、また、朝鮮半島にも分布している。ただ、ここに述べているように古くから実と木材利用のためにしばしば植栽されてきたので、現在の分布から本来の天然分布とそうでないものとは区別しがたい。俗に、「桃栗三年」といわれるように、成長が速く若木から果実を付けると同時に樹勢が旺盛なので、老齢木に比べ幹や葉を食害する虫害や病気の発生も比較的少なく、実の成り方もよい。典型的な陽樹で、他の樹木や蔓植物におおわれると枝が枯れて樹勢が衰え、

図6-9　満開のクリの木　クリは毎年花が咲き、豊凶の差がほとんどない（秋田県阿仁町にて）。

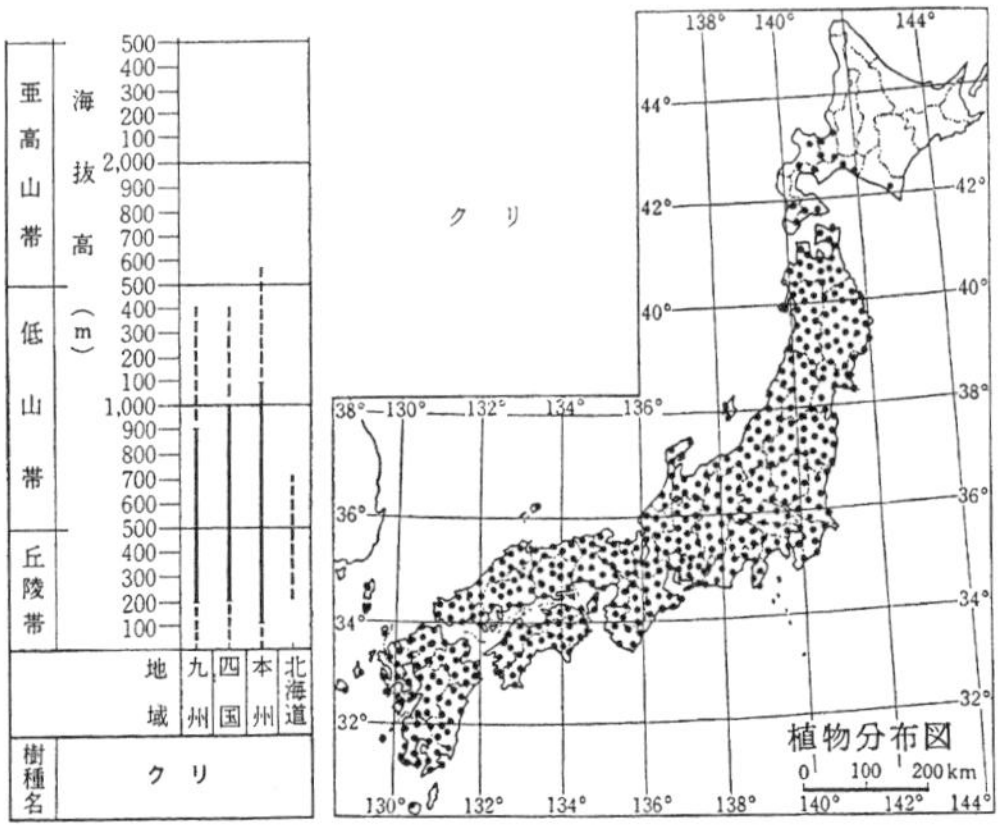

図6-10　クリの分布　札幌付近以南に広く分布。標高的には1000mくらいまでである（林、1969）。

やがて枯れてしまう。

クリの木は伐採するとひこ生え（萌芽）がよく出る方だが、ナラ類やカシ類ほどではない。種子による繁殖はきわめて容易で、虫食いのない新鮮な実を土に埋めれば、まず間違いなく芽が出てくる。木材はやや硬めであるが割りやすく、また刃物で加工しやすい。保存性に優れ、特に水湿に強く土木用材として最適である。遺跡から出土するクリ材の心材部は含まれていたタンニンなどにより黒色に着色し、きわめて硬くなり、鋸でも切れないほどになる。そのようなわけで日本産の広葉樹材の中ではケヤキと並んで第一級の木材といえ、縄文時代から土木建築材、燃料材ばかりでなく、容器、丸木船、農工具など、きわめて広い用途に使われてきている。近年は鉄道の枕木として大量に消費されたが、そのために資源が枯渇し、現在はコンクリート製に取って代わられているという事情もある。

実を取ることと木を伐ることの矛盾

ところで、クリの実が縄文時代のもっとも重要な食糧源であることに疑問を持つ人はまずいないだろう。滋賀県大津市の琵琶湖にある粟津湖底遺跡には放射性炭素年代で九二〇〇～九六〇〇年前の縄文時代早期のクリの実の皮が大量に積もった「クリ塚」があり（辻、一九九四）、これがクリ大量利用のいちばん古い証拠ではないだろうか。以後、同様なクリ塚が各地の遺跡で知られ、また貯蔵穴にため込まれて、あるいは炉から炭化した実がしばしば見つかる。遺跡から出土したクリの実は縄文時代の早期頃には現在の野生種と同じくらいの大きさであったものが時代を経るにしたがってだんだんと大きくなり、縄文時代後晩期の頃には現在の栽培クリとほとんど同じくらいの大きさになった（図6-12、南木、一九九四）。このことは実の大きな木の選抜や栽培管理の可能性を強く示唆しているといえる。また、新潟県の青田遺跡でも、縄文晩期の自然堆積層から出た割られていないクリの実は現在の芝栗同様に小さく、クリ塚を形成している大量の剥かれたクリの皮は大きい。

クリは山奥の自然林というよりは人里近い明るいところによく生える木だから、人々は身近にあるよい木を保

図6-11　新潟県青田遺跡の縄文時代晩期のクリ　剥かれたクリで裏側はない。幅が38.5mmあり、かなり大きい方であることが6-2図を見るとよくわかる（吉川純子氏提供）。

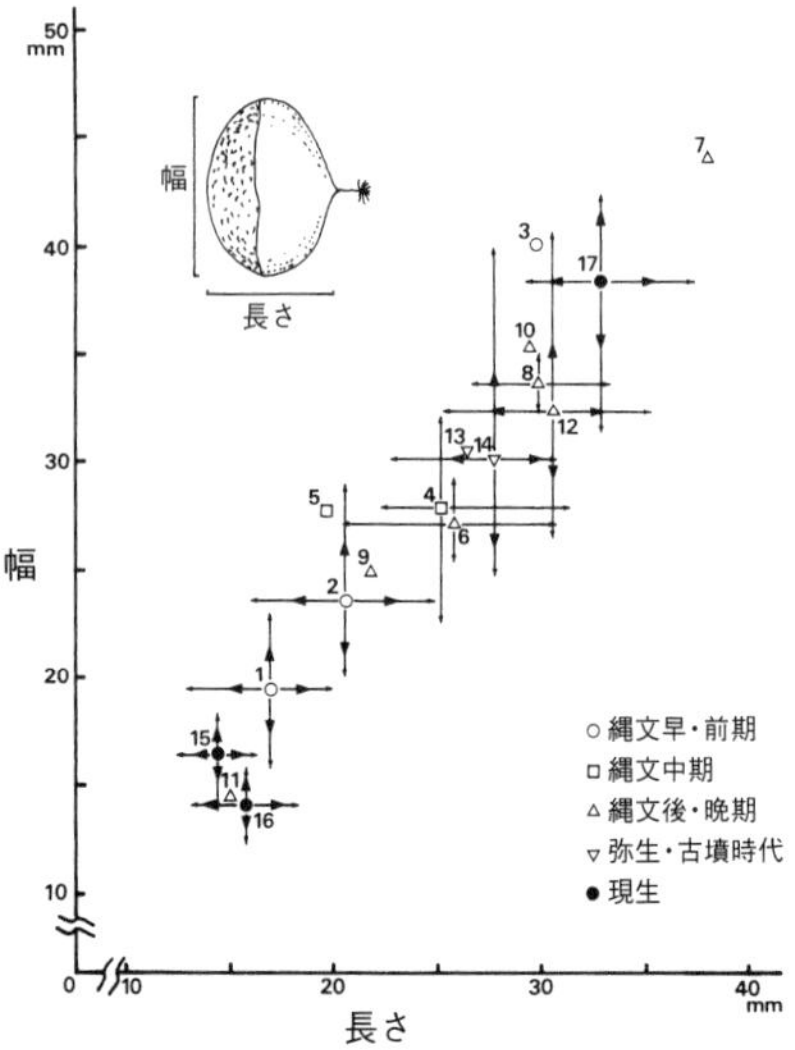

図6-12　遺跡から出土したクリのサイズ　現生（E）はいちばん小さいのといちばん大きいのと2つに分かれている。いちばん小さいのが野生のいわゆる「芝栗」、いちばん大きいのが栽培栗である。縄文時代早期・前期は芝栗よりやや大きい程度であったものが、時代が経るにしたがってだんだん大きくなっていくのがよくわかる（南木、1994）。

護し、ときには絡みついた蔓を切り払ったりするなどの手入れをして育成したことは想像に難くない。クリの実は保存も利くので食糧としてのクリが多すぎて困ることはなかっただろうから、実を取ることを考えれば木を伐るのはよほどの理由があったはずである。

建築材と燃料材を調べた千野氏（一九九二）は、優秀なクリの実を選抜する過程で不要な個体を伐採して木材として利用したのではないかという山内文氏の考えに同意し、「実の食糧源として大きく生産性のいい樹木とそうでないものに縄文人は注目し原生林の中での観察から食糧源としての個体と建築材としての個体の識別があったのではないか」としている。

しかし、繰り返しになるが木材として伐られたクリの木の量は生半可なものではなく、木の実を十分に収穫してなおかつ「不要な個体」をたくさん得ることができたのだろうか。また「原生林」あるいは自然林にクリの木は豊富にあるのだろうか。このことを確かめるために、次のような実験をおこなった。

3　伐るとクリは増えるか減るか？——クリ材の伐採実験

自然の林にクリの木はどのくらいある？

いったい自然の林（ここでいう自然の林とはクリやその他の木を植えたり、特定の木を伐り倒したりしていない林）にはどれくらいのクリの木があるものだろうか。もちろん、クリが分布していない地域や山の高いところでは森にいってもクリの木は生えていない。クリの木を普通に見ることができるのは原生林ではなく、いわゆる雑木林である。縄文時代そのままの林ではないけれど、まずこのような林にどれくらいのクリがあるのかを調べてみた。

表6-2は、青森県、岩手県あたりのクリが比較的多く見られる雑木林で、二〇メートル四方の縄を張り、その中の木を調べて、クリの木だけを七カ所で数えた結果を示している。直径五センチ刻みで本数を数え、直径一〇センチ以上が何本あるか各区域で数値を出し、調査面積〇・〇四ヘクタ

ールに存在するクリの木の本数から、一ヘクタールあたりのクリの木の本数をそれぞれの調査区で試算したのである。その結果、調査した七区で、一ヘクタールあたり多いところで四五〇本、少ないところで一五〇本、平均二八六本のクリの木があったことがわかる。

この調査で対象とした直径一〇センチ以上というのは、だいたい竪穴住居をつくるために必要な木材の太さである。もちろん、直径一〇センチの木だけでは家は建たないのであって、三〇センチ何本、二〇センチ何本、一〇センチ何本と組み合わせる形になるのであるが、ここではまず概略的にとらえようということで、考古学の方に計算してもらったものである。

竪穴住居を建てるには何本の木が必要か

まず、縄文時代の家には大きさで直径三メートルくらい、五メートルくらい、そして楕円形で長さが八メートルくらいという三つのタイプが一般的に認められるという。直径三メートルぐらい（A）とあるのは二人用で、たとえば隠居所のような使い方がされたのではないかというのが都立大学の山田昌久氏の考えである。直

表6-2　青森県田子町の雑木林のクリの存在量

直径級	Q1	Q2	Q3	Q4	Q5	Q6	Q7
6-10cm	4	3	0	1	2	2	2
10-15cm	3	7	2	5	5	6	3
15-20cm	9	7	1	4	1	2	2
20-25cm	3	1	1	2	2	0	3
25-30cm	0	3	0	0	1	0	4
30cm以上	1	0	5	0	0	0	0
直径10cm以上の本数	16	18	9	11	9	8	12
調査面積（ha）	0.04	0.04	0.06	0.04	0.04	0.04	0.04
ha当たり本数	400	450	150	275	225	200	300
ha当たり平均本数							285.7

（鈴木三男・能城修一他、未発表）

径五メートル（B）というのは、普通の四、五人の家族用だろうと推定されている住居で、さらに、長軸が八メートルの楕円形（C）というのは共同で作業するような建物であったろうと推定されている。山田氏の試算ではこれらの住居をつくるのに必要な直径一〇センチ以上の木の本数は、Aタイプだと一八本、Bタイプだと三〇本、Cタイプだと五〇本という。一つのいわゆるファミリー、核家族でない大家族は一五人ぐらいで構成されていたのであろうとして、表に示したように、一つの大家族用に必要な建物の数をサイズごとに四棟、二棟、一棟、として計算すると、一つの大家族用の住宅を建てるにはだいたい一八二本のクリの木が必要ということになる。さらに、一つの拠点集落は六〇人から一〇〇人ぐらいで構成されていたと想定して計算すると、土木工事などいろいろな用途を考えて、約一五九八本、つまり直径一〇センチ以上のクリの木が約一六〇〇本必要だろうというのが山田氏の試算の結果である。

われわれが最初に調べた東北地方の雑木林のクリの木は、一ヘクタールに二八六本であったが、この数字から計算すると、だいたい、一つの集落を作るのに五・六ヘクタールの雑木林が必要だということになる。縄文時代の大きな集落は直径六〇～一〇〇メートルぐらいであったようで、ここで仮に村の中心から半径五〇メートルの範囲が広場や住居などがあって木の生えていないところ、それより外側にクリの生える雑木林があったとすると、五・六ヘクタールの雑木林のあるべき範囲は半径一四〇メートルぐらいという数字が出てくる。つまり、上記の試算を重ねてゆくと、村の中

表6-3　縄文拠点集落のクリ材使用量の推定

ステップ1　1棟建てるのに必要な本数（直径10cm以上）

竪穴住居のタイプ	直径	用途	必要本数
A	3m	隠居所等	18
B	5m	普通家族用	30
C	8m	共同作業用	50

ステップ2　ひとつの住居群のまとまりの構成
（15人程度で構成される1大家族用）

竪穴住居のタイプ	棟数		本数／棟		小計
A	4	×	18	=	72
B	2	×	30	=	60
C	1	×	50	=	50
合　計					182

ステップ3　ひとつの拠点集落の構成
（大家族4つ、60-100人程度と想定）

			本数／単位当たり		小計
住居群	4群	×	182	=	728
高床建物	4棟	×	50	=	200
用水施設	1セット	×	50	=	50
漁労施設	1セット	×	20	=	20
木柵、護岸等	1セット	×	600	=	600
総必要本数					1598

ステップ4　拠点集落当たりの必要森林面積

総必要本数		本数／ha		必要面積（ha）
1598	÷	286	=	5.6

（東京都立大学　山田昌久氏推定）

心から半径一四〇メートルほどの範囲の雑木林にあるクリの木で拠点集落をつくることができるというわけである。

これは推論に推論を重ねて出てきた数字であるが、これをどの程度の数字と感じるだろうか。76ページで縄文中期の拠点集落のテリトリーを計算した結果に、半径四・五キロ、七〇〇〇ヘクタールという数字が出ていることを紹介した（谷口、一九九三）。この数字から比べると五・六ヘクタールというのは非常に小さい数字で、これが必要面積なら簡単なことだ、自然林からクリの木を伐ってきてそれがなくなれば別な場所で伐ればいいのだ、クリがなくなってしまうような問題はないのだ、と考えるのが最初の反応であろう。

しかし、これは最初に村をつくるときはこれでまかなえるという話であって、家を建て替えたり、燃料を消費したりという日常生活を支えなければならないとなると、話は簡単にはいかない。まして三内丸山遺跡のように一五〇〇年も村が続いたとなると、再生産の問題が重要になってくる。

4　クリの萌芽再生を追う

石斧伐採株からの萌芽

クリの木を石斧で伐採する実験を、都立大学の山田氏を中心として、われわれも参加しておこなっている。写真で伐っているクリの木は直径二〇センチあまり、これを伐るのに三〇分ぐらいかかった。モデルは私の研究室の菅野君で、彼はこのとき生まれてはじめて木を伐ったのだが、それで三〇分で伐れた。ベテランでは一〇分ぐらいだそうである。ただ、直径三〇センチを超えると、そんなに簡単にはいかなくなる。

ところで、私が興味をもっているのは、いったい何分ぐらいで木が伐れるのか、ということではなくて、伐った跡である。木の切り株がその後どうなっていくのかに注目しているのである。木を伐るには石斧を斜め上から振り下ろすので、木に当たる高さはだいたい腰の高さになる。斜面では伐る位置が上下するので、結果として、切り株はだいたい高さが五〇センチから一メートルくらいとなり、頭はぼさぼさになる。

林の中からクリを石斧で抜き伐りしたものと、チェーンソウで抜き伐りしたもので、ひこ生え（萌芽）の出方、成長に違いがあるかを調べるため、経過を追った。八月に石斧で伐った一五本についてその年の一一月に萌芽を調べたら三株だけが萌芽を出していた。一株は萌芽枝を二三本も出していたが、残りの二株は一本ずつであった。そしてさらに一年後の二〇〇一年一一月に調べたところ、前年二三本出していた株が三本の萌芽枝を持つのみとなっていた。一方、チェーンソウで伐ったものは伐採した年の秋には九株中五株が萌芽枝を出しており、それもある株では四二本もの萌芽枝を出し、石斧での伐採に比べて本数も多く、萌芽枝も長いものが目立った。これは、チェーンソウで伐ったものの方が萌芽枝が出やすく、また、成長もよいのかと期待したが、翌年の秋にふたたび調べてみると、萌芽枝があるのは二株のみで、長さは若干伸びたものの萌芽している枝の本数も減っていた。

伐採後二年を経た切り株がわずかとはいえ萌芽枝を成長させており、これがその後も生き残って新たな幹になるのかどうか、まだ途中段階なので決定的なことは言えないが、チェーンソウで伐った方が石斧で伐るよりも萌芽枝が出やすい傾向はあるものの、いずれの方法でも、林の中からクリを抜き切りしたのでは萌芽枝はだんだんと死んでゆき、後継樹が育たない可能性が強くなってきた。

図6-13　石斧によるクリの伐採実験　膝柄に磨製石斧を装着（岩手県御所野遺跡にて）。

図6-14　石斧によるオオヤマザクラの伐採痕　切った上部は逆円錐形で表面はなめらかだが、切り株の頭はぼさぼさとなる（宮城県東北大学川渡農場にて）。

図6-15　チェーンソウによる伐採株からの萌芽　夏に伐って秋に観察したもので、たくさんの元気な萌芽枝が出ている（青森県田子町にて）。

雑木林は萌芽更新

雑木林は縄文時代に集落が成立して以来、人々が村をつくり、日々の生活を営む中で恒常的な人間の干渉によってつくり出されてきた林であることはすでに述べたが、ここでの森林の再生の中心は萌芽更新である。クリも森林が伐られると盛んに萌芽を出し、次の世代の主流になろうと懸命に努力している。薪炭林や雑木林の現在での伐採は通常は皆伐と呼ばれ、そこにある木を全部チェーンソウで伐る。石斧と違ってチェーンソウで伐る場合は地面すれすれの位置である。そうするとクリをはじめ、ナラ類、サクラ類など多くの樹木が盛んに萌芽枝を出す。七年もすると萌芽枝の幹は胸の高さで直径五センチ、枝の高さは五メートルを超えるようになる（図6-17）。この二〇メートル四方の調査区では一五のクリの切り株があり、そこから七〇本もの萌芽枝が出ていて一・四メートル以上に成長しており、また新たな実生苗も七本あった。このようにして森林が再生してくるのだが、クリは増えるのだろうか、減るのだろうか？　これは現在調査中でまだ結論は得られていないが、現在までの追跡調査の結果では、伐り倒されたクリの切り株すべてからは旺盛な萌芽枝が多数出て、他の樹種に負けずに順調に生育していることと、実から芽生えた実生苗がやはり萌芽した枝に負けないほど順調に生育していることが確認された。だから、このまま林が大きくなってゆけばクリは伐られる前の林より多くなることが期待できる。

図6-16　石斧による伐採後の萌芽状態　夏に伐採されたクリの木は秋にはたくさんの萌芽を出していた（左）が翌年にはすべて枯れた。1年前の夏に伐られたクリは完全に枯れていた（岩手県御所野遺跡にて）。

図6-17　伐採後7年たった皆伐跡地　20×20mの調査区に15のクリの切り株があり、高さ1.4m以上の萌芽枝が70本出ていた。また、新たな実生苗が7本あった（岩手県二戸市上斗米付近）。

皆伐は可能か？

このように、クリを抜き伐りすればクリはなくなってゆき、ある一定程度の広がりを持って皆伐すればクリの木が増える可能性が予測されたのだが、果たして、石斧で皆伐するというのは現実的であろうか。クリの木は用材として重要であるから苦労してでも伐り倒すのはわかるが、雑木林のその他の木はどうだろうか。雑木林を林業では「ざつぼくりん」と呼び、雑木はみんないっしょくたで二束三文、薪や炭にしかならない木と思われている。もちろんその中にはケヤキ、ホオノキ、サクラ、カエデなど有用な木はあるが、縄文時代の遺跡ではあまり利用された痕跡がないナラ、ハンノキ、ヤナギ、リョウブなど、ほとんど役に立たない木も多く混じっている。このような木もクリを増やすために汗水流して石斧で伐ったりしたのだろうかという疑問がわく。

そこで、一〇メートル四方にあるすべての木を石斧で伐る実験もおこなった（カラー口絵11・12）。同時にその隣にやはり石斧で伐るのと同じくらいの高さでチェーンソウで伐り、比較できるようにした。石斧で皆伐するにはたいへんなマンパワーを必要としたが、〇・〇一ヘクタールを伐るのに二チーム同時進行でだいたい半日くらい掛かった。一チームなら一日、一人でやるなら二～三日くらいということになるだろうか。もっとも縄文人はわれわれよりパワーもあっただろうし、また毎日木を伐っていれば技術も上回っただろうから、実験と同じ広さの皆伐を一人で一日でできたとしても一ヘクタール伐るには一〇〇日かかることになる。これは、たいへんな数字なのか、問題なく可能な数字なのか、私には正直言って判断がつかない。

それよりもこちらの興味の中心はこのようにして石斧で皆伐した後、果たしてチェーンソウによる皆伐区のようにクリが旺盛に萠芽し、また実生苗も新たに加わり、クリが増えた林ができてゆくかにある。また、チェーンソウでも地際で伐った場合と、石斧同様に腰の高さで伐った場合とで萌芽再生に違いがあるかの検証も必要である。二〇〇一年八月に、宮城県鳴子町にある東北大学農学研究科附属農場に実験区を設定したばかりなので、今後の行方を継続して観察してゆくところである。

5　クリの栽培管理の可能性

以上述べてきたように、クリが伐採の仕方で再生がどのように違ってくるか、そして自然に再生した林を伐るだけで村が必要とするクリの実と木材をまかなえるか。それを検証するための調査・実験はまだ途上にある。ただ、その行き着く先は、やはり、なんらかの栽培管理などを考える必要を示しているように思える。

縄文の村は、最初は確かに五・六ヘクタールのクリを含む林があれば、村をつくるだけのクリの木は確保できるだろうと考えられるが、それを抜き伐りで伐ってしまうと、村の周囲の五・六へクタールからはクリの木がなくなってしまうだろう。ところで、一〇年経てば、住居の補修が必要となり、そして、およそ二〇年で住居は建て替えると考えられているのだが、そのときはどうするのであろうか。すでに村の周囲からはクリの木が消えてしまった、ということになる。では、遠くへいく。その次はまた遠くへいく、ということが起こってくるのではないか。けれども、そんなに遠くから、直径三〇センチ、長さ六メートルもの木を何十本も引きずってくるというのはたいへんなことになるのである。

三内丸山遺跡の六本柱建物のような大型建築物は日々の生活のためではなくて、特殊な意味を持っているものだから、村中というか、近隣の村からもやってきて、何百人もの人が集まり、祭りとして木を切り出して、柱を立てるということをしていたのだろうと考えられる。そういう目的のためには、太い木を遠くから運ぶことはできたとしても、自分の家の家族のためには遠くまで木を切りにはいけなかったのではないだろうか。

先に述べたように縄文時代におけるクリの実の大型化がしばしば選抜・栽培の傍証としてあげられる。また、出土したクリの実からとったDNAの多様度が時代を経るにしたがって減っていくので、それを栽培化によるものとする考えもある（佐藤、一九九九）。もともと、こんなにクリの実や花粉がたくさん出てくるのだから、なんらかの意味での栽培というものはあって自然だという考

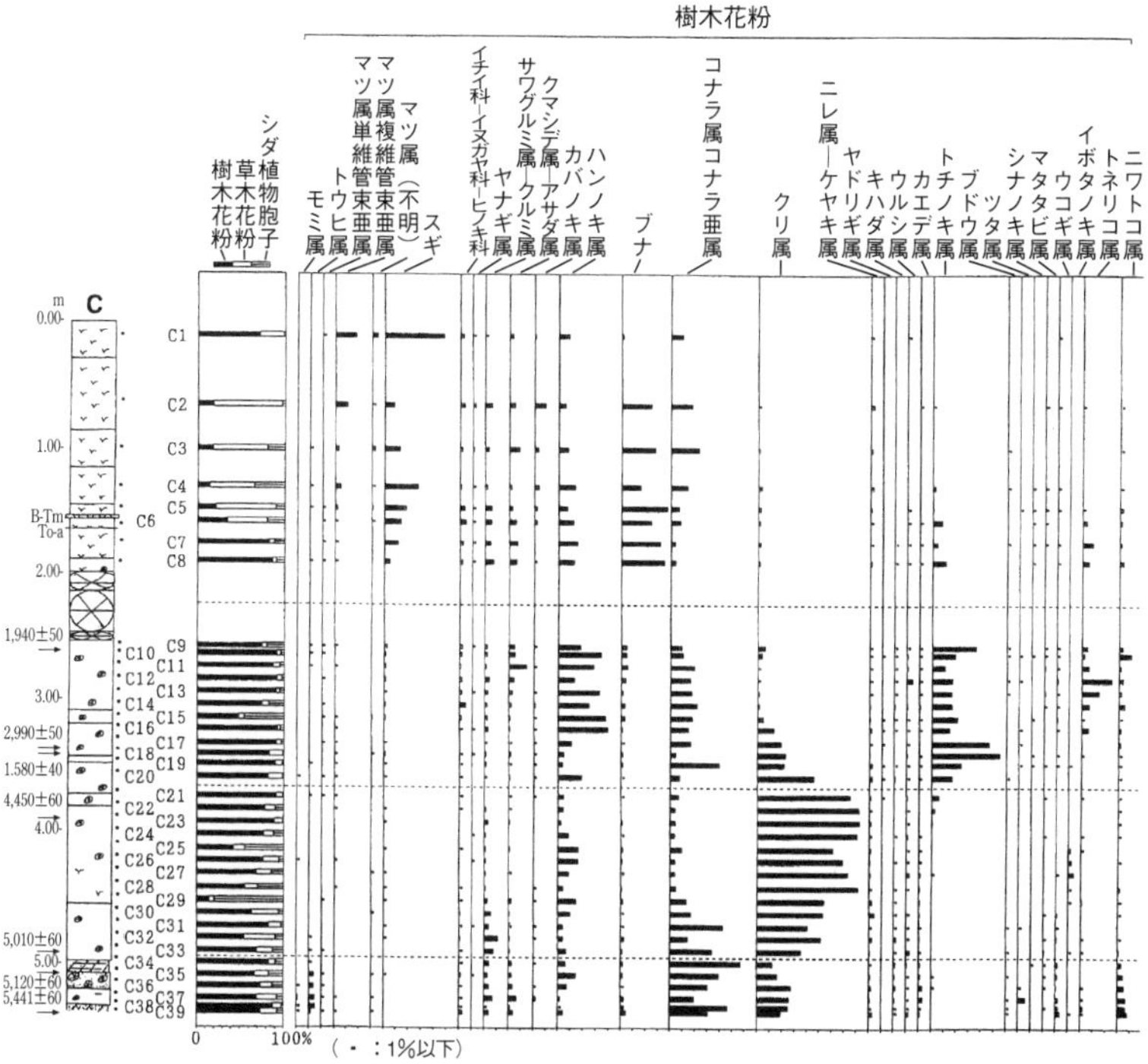

図6-18　三内丸山遺跡での花粉分析の結果　いちばん下が放射性炭素年代で約5400年前（三内丸山遺跡が始まった頃）、下三分の一くらいのところが約4500年前（縄文中期中頃）、その少し上で約3000年前という値が出ている。中程で約2000年前。いちばん上が現在である。クリの列を見ると、下から急激に増え、遺跡が栄えた5000～4500年前頃では50～80％もあることがわかる（鈴木、1998）。

えも古くからある。実際、三内丸山遺跡での花粉分析の結果（図6-18）は、遺跡が成立し始めた五五〇〇年前頃（縄文前期）にクリの花粉が急激に多くなり始め、逆にナラ類（コナラ属コナラ亜属）が急激に減少する。そして遺跡が栄えた縄文時代の中期を通して全樹木花粉の五〇～八〇％もをクリが占め、それ以外の樹木はほんのわずかとなる。それが、遺跡が廃絶する四五〇〇年前以降になると急激に減少し、代わってトチノキ、ハンノキ、ナラ類などが増加することが見て取れる。クリは花序にたくさんの雄花を付け花粉の生産量も多いが、虫媒花なので、風に乗って花粉が遠くに飛ばされることはあまりない。このような大量のクリ花粉の存在は分析試料採集地点のすぐ周囲、すなわち三内丸山遺跡にたくさんのクリの木があったことと、同時にそれ以外の樹木がそこには少なかったことを示している。

このようなクリの多い状況とクリの実と木材消費を同時に満足する答えとしては、栽培ということをいえばすべて解決がつくように思える。しかし、それでもなお、「栽培していた」というには証拠が不十分であるし、他の可能性の検証も続けなければならないと考えている。

7章　弥生時代　―現在と縄文時代の結節点―

1　稲作と鋤鍬

弥生時代は石器時代？

縄文時代は広葉樹文化、特にクリ文化で特徴づけられたが、こうした縄文時代は今から二四〇〇年ぐらい前に終わりをつげ、弥生時代へと移ったのである。その移り方は全国一律ではなくて、西日本、特に北九州地方に始まり、瀬戸内、西日本、そして東海、関東へと広がり、東日本全域に広がるにはいくばくかの時間を要したようだ。

縄文時代と比べたときの弥生時代の特徴はたくさんあるだろうが、木の文化の視点でもっとも特徴的なのは水田稲作と青銅及び鉄の金属器の導入だろう。稲作技術も金属器も大陸からの移住者とともに繰り返し繰り返しもたらされたことだろうが、金属を国内で生産できるようになるにはずいぶん時間がかかり、それまでは持ち込んだものを消耗する形だった。したがって、貴重な金属を日常の生活には刃物として使えず、弥生時代の刃物の主流は、縄文時代同様石器だったのである。ただその石斧の形態はすでに5章で紹介したように、縄文時代にはユズリハなど比較的柔らかい木を用いた膝柄《ひざえ》が主流であったのに対し、弥生時代では硬く強靭なカシを用いた直柄《なおえ》が主流となる。実際石斧による伐採実験では、柄が細くてしなりのある膝柄よりも野球のバットのような剛直な直柄の方がはるかに立木の伐採は容易で、効率がよい。してみるとわれわれは弥生人並なのかもしれない。ともかく、弥生人も直柄の石斧で木を伐り倒し、加工して広葉樹を利用していたのである。

カシの農具

優秀な食糧であるコメが日本にもたらされたのはいつのことか、最近はますますわからなくなってきた。縄文時代晩期の各地の遺跡から炭化米やプラントオパールが少なからず報告されていることから、遅くともこの頃にはかなり普遍的につくられていたのではないかと考えられる。ただ、そのコメは、水稲《すいとう》ではなく、焼畑などにつくった陸稲《りくとう》（おかぼ）であったろうと考えられている（佐藤、一九九九）。水稲を栽培するようになったのはやはり弥生時代になってからというか、水稲を栽培するようになって弥生時代になったというべきか、いずれにしても縄文時代晩期の終末期に他の文化的要素と前後しながら水稲栽培が北九州に始まったようである。

弥生時代を特徴づけるこの水田稲作、主役はイネであるが、主役だけで舞台がつとまるわけではない。農耕文化とは、作物と、それを栽培する技術、そして収穫したものを利用する技術と文化が揃ってはじめて成り立つ、というのを確か中尾佐助先生の本（一九六六）から学んだ。イネを栽培するには田畑の造成から始まって、田植え、草取り、稲刈りなどさまざまな作業にあわせて多くの農具が使われる。このような農具の存在がいわば稲作があったことの直接的な証拠となる。弥生時代の低湿地遺跡からは木製の鋤鍬《すきくわ》の類が数多く出土し、これらが水田耕作の主要な農具だったことがわかる。この稲作の鋤鍬の系譜をたどってみよう。

図7-1　現在ではまれにしか見られなくなった陸稲の栽培（宮崎県久住高原にて）

最古の水田稲作の遺跡は中国浙江省の河姆渡《かぼと》遺跡で、約七〇〇〇年前といわれる。ここからは大量の稲籾とともにイノシシなどの動物の肩胛骨《けんこうこつ》でできた農具が出ている。骨が扇のように広がるところに穴を二つあけて柄を縛り、シャベルのようにして使ったと思われる。中国では石鍬はずいぶんと古くから使われてきており、それが青銅、鉄製へと変わっていったようで、どうも日本の木製農具の直接のルーツはないようである。

朝鮮半島でも稲作は日本よりだいぶ古く、日本の弥生時代に相当する時期にはすでに鉄製の鋤鍬が使われていたよ

図7-2　中国河姆渡遺跡の動物の肩胛骨製の鋤　約7000年前のものという。木製の柄が二つの穴を通して縛りつけられている。柄や縛っている紐の材質はわからない。ここでは大量の稲籾も出土している（河姆渡遺址博物館、1996）。

図7-3　神奈川県池子遺跡（弥生時代中期）の木製品の出土の様子　左手に柄穴の空いたクワがある（かながわ考古学財団、1999b）。

うで、低湿地遺跡の調査はあまり進んでいないこともあって木製農具の出土はあまり知られていない。全羅南道木浦市の務安良将里遺跡からは木製（クヌギ類）の「えぶり」が出土しているが、これは新しいもので日本の古墳時代に相当する頃のものらしい（木浦大学博物館、一九九七）。

日本では約二五〇〇年前頃に稲作が北九州に伝わり、定着した。弥生時代の始まりと水田稲作の始まりは同時ではなく、縄文晩期の終わり頃にはすでに北九州地方では稲作がおこなわれた。土工用の道具としての鋤鍬類は縄文時代からあったとの指摘もあり（山田、一九九九）、また、ここで鋤鍬と呼んでいるものが、必ずしも水田耕作のためだけのものではなく、土木工事その他のためのものもあるのではないか、という指摘もあるが、ここでは鋤鍬類を一応水田耕作用と考えよう。もちろん、わたしも子供の頃は唐鍬を持ち出して川をせき止め魚を捕ったりしたから、なにも水田耕作専用で畑や土木に使わないというわけではなかろう。ただ、縄文時代にはない道具が水田耕作の開始とともに現れることから、これを農具と見るのに大きな間違いはないと思う。

木製の鋤鍬類の形態はたいへん多様である（図7-4、上原、一九九一）。鍬は柄穴をくり抜き、柄を差し込むものと上部を細く平らにし、柄を縛りつけるものがある。また、柄も石斧の柄と同じく、柄穴に差し込む棒状の「直柄」と木の枝別れの部分を利用した「膝柄」がある。鍬本体の多様性は目を見張るものがあり、考古学の世界ではその形態から狭鍬、広鍬、先が二つ、三つ、四つと分かれた又鍬、形がナスの実に似たナスビ型などと呼んでいる。また横幅が広いものを横鍬と呼び、それが横に明らかに長くなったものが「えぶり」である。鋤の方は多くが柄と本体が一木でつくられるが、柄を結束するものももちろんある。シャベル型のもの、フォーク状のものがある。

これらの鋤鍬をつくるには直径五〇センチ以上のカシノキを長さ一・五メートルほどに玉切ってそれを縦に八～一六分割くらいのミカン割りにし、柾目《まさめ》の長い厚板をとり、それを削り込んで二～四連の鋤鍬を縦木取りにつくる。一木づくりの鋤ではもちろん一つしかつくれない。鍬では幅はだいたい二〇～四〇センチ、長さは三〇センチくらいのものから一メートル近く、刃先は五ミリほど

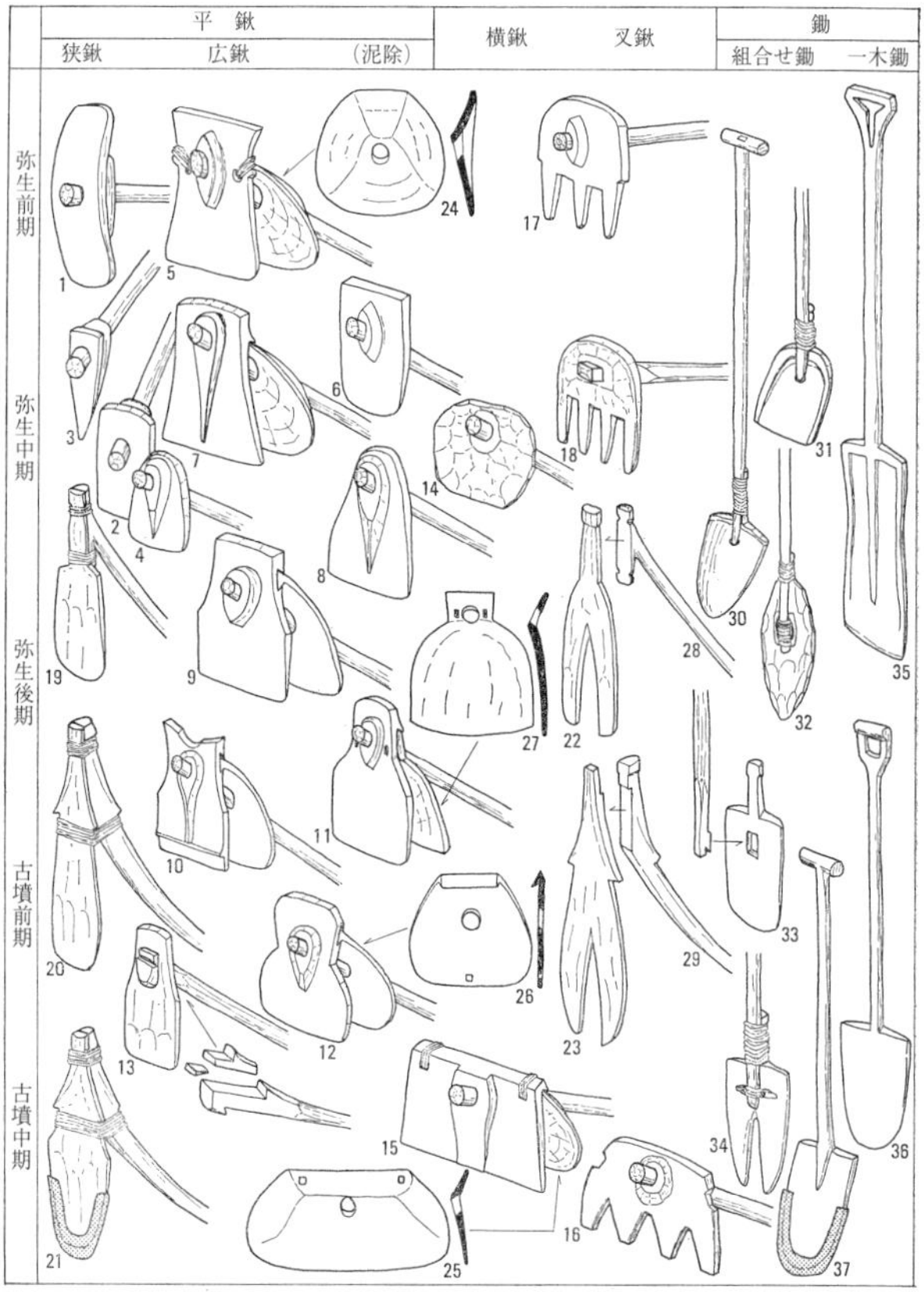

図7-4　弥生〜古墳時代の近畿地方における鍬と鋤の変遷概念図（上原、1991より転載）　1：狭鍬Ⅰ式、2：狭鍬Ⅱ式、3：狭鍬Ⅲ式、4：狭鍬Ⅳ式、5：広鍬Ⅰ式、6：広鍬Ⅱ式、7：広鍬Ⅲ式、8：広鍬Ⅳ式、9：広鍬Ⅴ式、10：広鍬Ⅵ式、11：広鍬Ⅶ式（北陸型）、12：広鍬Ⅶ式、13：狭鍬Ⅱ式（九州型）、14：横鍬Ⅰ式、15：横鍬Ⅱ式、16：横鍬Ⅲ式、17・18：直柄叉鍬、19：膝柄平鍬、20：反柄平鍬、21：反柄平鍬（風呂鍬）、22：膝柄叉鍬、23：平柄叉鍬、24：泥除けⅠ式、25：泥除けⅡ式、26：泥除けⅢ式、27：泥除けⅣ式、28：鍬膝柄、29：鍬反柄、30・31：組み合わせ式屈折鋤、32〜34：組み合わせ式直伸鋤、35・36：一木式直伸鋤、37：一木式屈折鋤

に薄くなったものもあり、身の薄さと相まってよくこんなもので土が耕せたものだと驚嘆する。このようなつくり方をするので、鋤鍬は決まって木目が縦方向の柾目の木取りで、近づいてよく見ると大きな放射組織が左右に走る特有の紋様、いわゆる虎斑杢《とらふもく》があるのでわかりやすい。この木取りの例外は横鍬、つまり「えぶり」で、これらでは木目を横方向に使っているが、柾目取りであるのは同じである。

カシにもいろいろありまして

そして、この木製農具に使われている樹種は稲作が最初に伝播した北九州をはじめ、西日本各地ではほとんど例外なしにカシノキ、すなわちブナ科コナラ属のうちの常緑樹であるアカガシ亜属である。すでに石斧柄の項で紹介したように、わが国にはたくさんのカシ類がある。いちばん北の方（東北南部）まで分布するのはシラカシ、アカガシ、アラカシ、少し南になるとウラジロガシ、関東までくるとツクバネガシ、さらに南まではイチイガシと、南にいくほど種類が増える。いずれも木材構造はよく似ていて顕微鏡で調べても種の区別が付かないので、い

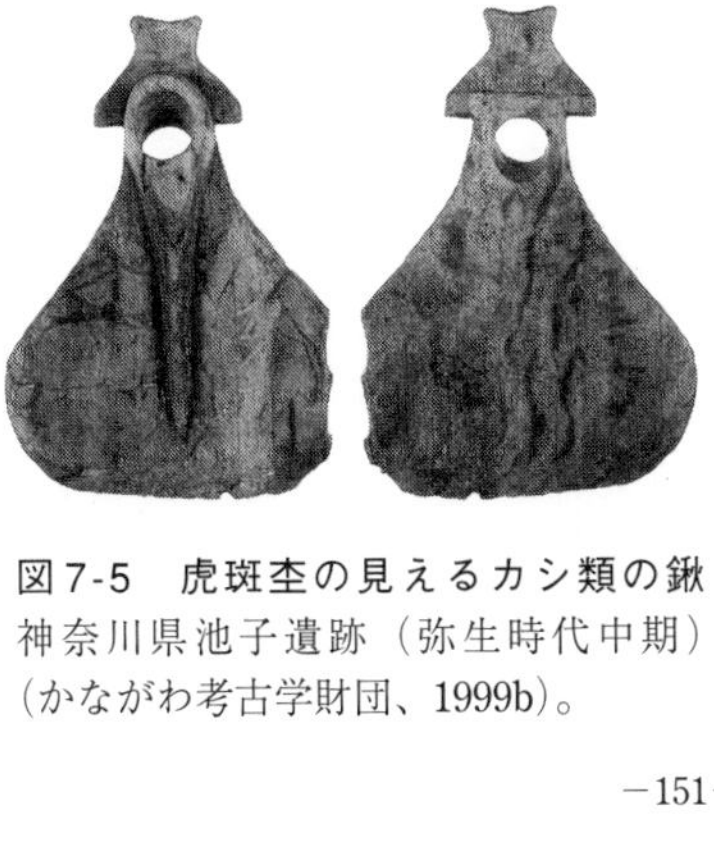

図7-5　虎斑杢の見えるカシ類の鍬
神奈川県池子遺跡（弥生時代中期）
（かながわ考古学財団、1999b）。

ったい木製農具に使われたのはある特定の種類なのか、あるいはどのカシも同じように使われたのか、となると、はっきりいって残念ながらわからないとしか答えようがない。福岡県の弥生時代〜古墳時代の木製品を多数調べた松本博士（一九八四）は、春日市の辻田遺跡出土の木材がシラカシ、ハナガガシ、ツクバネガシであるとし、時代が経るにしたがってシラカシ、イチイガシが増えてゆくと述べているが、これらの樹種を特定した根拠がよくわからない。

稲作は東へ、そして北へ

北九州に始まった水田稲作は非常な速さで瀬戸内地方、山陰地方に広まったことは以前から知られていた。それに対し、東日本では弥生後期あるいは古墳時代の静岡県の登呂、山木遺跡などが知られているのみで、水田稲作の伝播はずいぶんと遅れていたと考えられていた。しかし、一九八〇年代頃から、低湿地の遺跡調査が頻繁におこなわれるようになったこともあって、東日本でも弥生時代の比較的早い時期の遺跡が見つかるようになり、驚くべきことに、弥生時代前期の水田跡が青森県弘前市の砂沢遺跡で見つかった。

もっともこの水田はほんの一時期つくられただけのようで、弘前平野で本格的な水田が開かれたのは弥生時代中期まで時代が下ることが田舎館《いなかだて》村の垂柳《たれやなぎ》遺跡で見てとれる。そして一九八〇年代には水田跡や木製農具、あるいは稲籾など、水田稲作を示す遺跡が、群馬県の日高遺跡、新保遺跡、仙台市の富沢遺跡など相次ぎ、弥生時代の中期には本州のほぼ全域に稲作農耕が広まっていた様子がうかがえるようになった。

稲作先進地の西日本ではカシ一辺倒の木製鋤鍬類だったわけだが、稲作の東へ、そして北への伝播にともなってその様相は変わっていったことがわかってきた。

落葉樹林帯の農具

西日本は照葉樹林帯の中にあり、カシ類が豊富に生えていたことが、材質と相まってこの木が木製農具の主要な素材に選ばれたことは間違いのないことだが、カシ類がほとんど生えていなかった地域ではどうしたのだろうか。

弥生時代から古墳時代にかけて、木製鋤鍬類に使用されている樹の種類を、西日本から東日本へと農具類がたくさん出土した著名な遺跡ごとにまとめたのが表7-1である。西日本では多くの遺跡がカシ類一辺倒な

表7-1　弥生～古墳時代にかけての木製農具(鋤・鍬類)の樹種

	板付遺跡 福岡市	池上遺跡 大阪和泉市	朝日遺跡 愛知清洲町	角江遺跡 浜松市	池子遺跡 逗子市
カシ類	10	95	41	73	162
クヌギ類			4	27	
ナラ類			6	22	
クリ				1	
その他		5	3	5	9
合計	10	100	54	128	171

	常代遺跡 君津市	江上A遺跡 富山上市町	新保遺跡 高崎市	石川条里遺跡 長野市	中在家南遺跡 仙台市
カシ類	53	17	89		
クヌギ類	1	11	60	77	44
ナラ類			5	8	
クリ				1	24
その他	3	1	9	15	4
合計	57	29	163	101	72

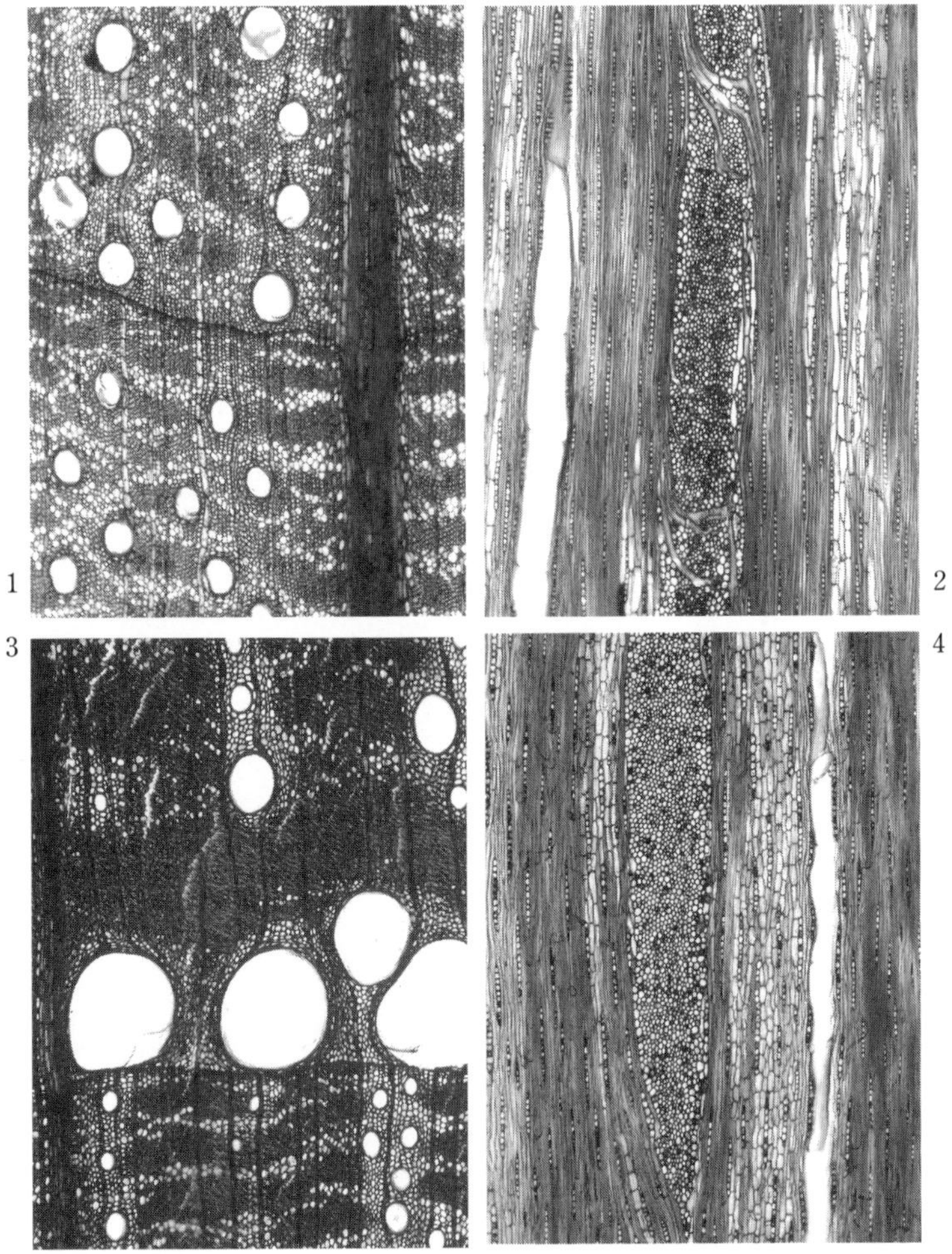

図7-6　シラカシ（1、2）とクヌギ（3、4）の顕微鏡写真
1、3は横断面（小口）、2、4は接線断面（板目）。いずれも大きな放射組織をもつので柾目に割りやすいが、横断面の道管配列はずいぶんと違う。

のはすでに述べたが、ここでは板付遺跡（福岡）と池上遺跡（大阪）のみを例示した。このようなカシ類一辺倒が、関東地方の弥生時代中期の遺跡である神奈川県逗子市の池子遺跡と千葉県君津市の常代遺跡でも顕著であることにまず驚く。そして群馬県高崎市の新保遺跡、日本海側では富山県の江上A遺跡ではカシ類がいちばん多いものの、クヌギ類がかなりの量となる。それが、長野市の石川条里遺跡や仙台市の中在家南遺跡となると、カシ類はまったくなく、大部分をクヌギ類が占める。なお、東海地方の登呂、山木、雌鹿塚などの遺跡でも朝日遺跡（愛知県）同様、カシ類が大部分を占めるものの、わずかにクヌギ類を交える傾向にあり、浜松市の角江遺跡はクヌギ類、ナラ類が無視できない量で使用されていて、ちょっと特異である。

角江遺跡のような例もあるものの、全体的に見て、太平洋側では関東地方南部（神奈川県、千葉県）までカシ類一辺倒の用材が計られ、関東地方北部を、そして日本海側では石川富山両県を移行帯にしてそれ以北、また本州中部の内陸部ではカシ類はまったく消えてクヌギ類がそれに取って代わることがわかった。これは花粉分析、種子や葉などの大型植物遺体、また、人間が利用した痕跡のない自然木などの分析結果から、照葉樹林の構成要素であるカシ類の当時の分布域とほぼ一致する。つまり、カシが生えている地域ではカシを利用し、それがない地域ではカシの代用にクヌギ類を選抜し、利用したといえる。

クヌギという木は？

ここでいうクヌギ類とはブナ科コナラ属コナラ亜属のうち、丸いドングリをならせるクヌギとアベマキのことで、両者の木材構造での識別ができていないので一括してある。ただ、両者の分布を見ると、クヌギは岩手、秋田両県以南の本州、四国、九州のほぼ全域に分布するのに対し、アベマキは、東北南部、関東、北陸にまれに見られるものの、東海以西から北九州に分布が偏っている。このことから、木製農具に使われたのはクヌギだと考えている。

クヌギもアベマキも成長の速い落葉高木で幹が真っ直ぐに伸び、三〇年も経たずに直径五〇センチ、樹高一五メートルくらいになる。雑木林に多く、クヌギは湿地にも多い。幹の樹液にカブトムシやクワガタムシ、蝶、蜂などがよく集まり、昆虫採集のいちばんのポイントであるのでよく知っている人も多いだろう。この木もカシ類同様大きな放射組織があって柾目方向に割りやすい。材質はカシ類にやや劣るとはいえ、建築材や器具材に十分な堅さをもっているといえる。

図7-7　クヌギの枝　丸いドングリがなり、縄文時代から食用にされてきた。

われわれの祖先がこのクヌギの木に出会ったのはなにも弥生時代がはじめてというわけではな

い。縄文時代の遺跡から杭や建築材、板材などとして普遍的に利用されてきた。ただ、あまりにも多いクリ材に比べ量がわずかであるため陰に隠れて目立たなかったのである。弥生時代の石斧柄の主流もカシ類だが、やはり東日本ではカシの代わりにクヌギ類が使われていることもこれに付合する。縄文時代から木材資源の一つにあがっていたクヌギが、弥生人に改めて注目を受け、東日本の水田稲作の主力となってはじめて照葉樹林帯以北の地での弥生文化の発展に寄与したのである。

2　弥生時代の木材利用

農具の柄と泥除け

さて、田畑を耕す鋤鍬の本体はカシやクヌギだが、着柄式の鋤鍬の柄はいったいなんの樹種が使われていたのだろうか。石斧の柄が縄文時代の膝柄式から弥生時代の直柄式ではユズリハなどの柔らかい樹からカシやクヌギに代わったことはすでに紹介したが、農具の柄でも似たような現象がどうも起きたらしい。

農具の柄にはカシが使われているのは事実だが、そればかりでなくじつに多様な樹種が用いられている。浜松市の角江遺跡ではサカキが半分以上を占め、ついでクヌギ類が多く、カシは一割弱し

図7-8　仙台市中在家南遺跡の弥生時代中期の鍬（上）と泥除け（下）　鍬は縦木で柾目取り、カシ類と同じく虎斑杢が見える。泥除けはクリ製で、横木で板目取りである（仙台市教育委員会、1996b）。

かない。他に、シイノキ、マツ、ユズリハ、ヒサカキなど雑多なものが利用されている。全国的に見てもこれは同じで、ヤマグワ、エノキ、シキミ、スギ、ムラサキシキブ、果てはヤナギ属なども用いられ、果たして柄の実用になっただろうかと小首を傾げたくなるものが柄穴にはまったままで出土したりする。鋤鍬本体にはずいぶんと規格を課しているのに比べると、柄の樹種選択のいい加減さはなになによるのだろうか？　案外、田畑での作業中に柄が折れて、その辺の木を適当に伐ってきて使っていたのかもしれないと思ったりする。

鍬に付随して使われた部品に泥除《どろよ》けというものがある。鍬の柄の先につける薄い板で、これがあると泥の田圃に鍬を打ち込んでも泥が跳ねてこないというものである。西日本では泥除けは鍬本体と同じくカシで、木取りも柾目で縦木取りである場合が多いようであるが、東日本では様相が異なる。

仙台平野の弥生時代の遺跡では他の地域に比べて泥除けの出土例が異様に多い。その理由はなぜだかわからないが、その泥除けに使われている樹種が、ほとんどすべてクリなのである。しかも木目が左右になる方向に使われ（横木取り）、かつ、柾目ではなく板目取りなのである。一方、金沢市の畝田《うねだ》遺跡などでは、鍬本体がカシなのに対し泥除けはクヌギ類が使われ、木取りは板目と柾目の両方がある。どうも鍬本体がかなり厳密な樹種選択をしていたのに対し、泥除けの場合も柄と同じように地方地方で自由な用材がなされたのかもしれない。

臼と杵

鋤鍬で田畑を耕したわけだが、それでは収穫した穀類などを利用するための道具はどうだろうか？　餅に限らず臼《うす》と杵《きね》は穀類の加工にはなくてはならないものだ。現代の杵と臼はほとんどがケヤキであるが、弥生時代に用いられた樹種はなんだろうか。

臼の出土例はあまり多くはなく、私が実際に見たことがあるのは佐賀県の吉野ヶ里遺跡、浜松市の角江遺跡、神奈川県の池子遺跡、千葉県の常代遺跡、仙台市の中在家遺跡群など数えるほどしかない。いずれも輪

図7-9　浜松市角江遺跡の弥生時代の杵と臼　杵は丸太を削り込んで作ってある。右はヤブツバキ製、左はクヌギ節製。長さは約1m、太さは10cm足らずである。透かし彫りのある臼はクスノキ製で、丸木をくりぬいてあり、幅55cm、高さ60cmほどである（静岡県埋蔵文化財調査研究所、1996）。

切りにした丸木の上から刳り込んでつくるが、まわりを透かし彫りにした見事なものがある。やはり西日本の出土例が多いが、多くはクスノキが使われている。それが東の方にくるとクリが使われるようになり、仙台までくるとトチノキになる。

クスノキの臼は神奈川県の池子遺跡、千葉県の常代遺跡が東限のようで、カシの鋤鍬とほぼ一致する。クスノキはよく知られているように木材に樟脳《しょうのう》と樟脳油を含み、防腐効果が強い。クスノキの臼で搗くと殺菌効果があったものと思われる。ついでよく使われるクリも仙台平野のトチノキも太い丸太が得やすいので使われたもののようで、トチノキについては縄文時代から鉢など大型の刳《くり》物《もの》に利用されてきたことと関連があるかも知れない。

ところで、臼で搗くための杵はほとんどが竪杵である。月でウサギが搗いているあれで、両端が太く、中程が細まっていて、長さ〇・八～一・五メートル、先端部の太さは一〇～一五センチくらいもあり、出土材は水を吸っているのでたいへん重い。遺跡から出てきたものは単に杵の形をなしているものから繊細な彫刻が施されたものまであり、使った人の心がうかがえる。丸木をそのまま削り込んだものと芯を避けた分割材から削り込んでつくったものがあり、前者では細まった柄のところで折れやすかったものと思われる。西日本ではやはり圧倒的にカシが主で、それにクヌギ、ナラ類が混じり、ヤブツバキなども使われる。東日本では同じくクヌギが主でナラ類がそれに次ぐ。横杵もまれに出土するが杵本体、柄ともカシやクヌギがほとんどである。

3　広葉樹の時代から針葉樹への時代へ

石斧と鉄斧

弥生時代の木材利用を特徴的な用途から焦点を当てて見てきた。この時代も縄文時代同様、人々は竪穴住居に住んでいたが、それらに使われた木材はやはりクリ、クヌギ、ナラ類などの広葉樹材である。丸木弓も縄文時代同様イヌガヤが主流であるものの、池上遺跡のカヤや東海地方のイヌマキのように地域で特徴的な違いが現れたりもする。他のさまざまな木材利用についても縄文時代からの系譜を受け継いで、植生に見合った樹種選択をしており、総体としては広葉樹中心の木材利用体系であったといえる。

その一方で、弥生時代では高床式の建物が盛んに建てられるようになる。収穫した稲の倉庫などに利用されたものといわれるが、これらの建築材には針葉樹が多く使われるようになる。その背景には木を伐る刃物が石器から鉄器へとだんだんに代わっていったことが大きく作用したと思われる。伐採具は縄文時代の膝柄を付けた石斧から弥生時代の直柄の大型蛤刃石斧に代わり、それがさらに鉄斧へと代わっていったのである。木材伐採具および加工具としての鉄斧は、弥生時代の中で徐々に普及していき、古墳時代になるとほとんど石斧が使われなくなる。この過程で、木材利用の体系が、広葉樹から針葉樹へと大転換するのである。

木を伐採し、加工する道具は古代に鋸が出るまではもっぱら斧の仕事であったが、石斧と鉄斧では切れ味が極端に違うことは容易に想像がつく。鉄斧は刃先を鋭くすることができるし、刃の身は薄い。石斧は刃先が鈍く、また刃の身が厚い。刃の身を薄くすると折れやすくなるのである程度以上は薄くできないから、ナイフ型石器のような鋭い刃をつけることができない。もっとも、石斧は鈍い、鈍いといわれるが、鈍いとはいいつつも結構切れ味がよいものであることは石斧での伐採実験で紹介した。ただ、結構切れるといってもそれは鉄の比ではないのである。

石斧で大きな木を伐るには何時間、あるいは何日もかかるだろうし、また、重要なことに石斧では生木は切れるが、乾いた木はほとんど切れないのである。乾いた木に石斧を打ち込んでも刃が跳ね返されてしまう。だから、伐倒してから必要な長さに切り、枝を払うなどして搬出するまでは比較的短時間で終えねばならない制約がある。運び出した木は村の近くの川などに漬けておいて、あとから細工をしていったと都立大学の山田昌久氏は推測している。そして石斧での伐採は打撃力が大きいことである。鉄斧は、これはもう、どんな大木でも短時間に切り倒すことができる。製鉄、鍛造《たんぞう》、そして研ぎの技術が進めば進むほど切れ味のよい斧がつくられ、効率がよくなっていったことだろう。

木材学の分野では英語で広葉樹はハードウッド（硬い木）、針葉樹はソフトウッド（柔らかい木）と呼ばれるように、木の硬さが違う。もちろん広葉樹の中にもヤナギやキリのように柔らかい木もあるし、針葉樹の中にもカヤのように硬い木もある。だがやはりクリやカシ、ナラなどは硬い。このような硬い木を石斧と鉄斧で伐ったら、かかる時間や労力がそれほど違わないのではないかと思う。おそらく鉄斧の方が一〇倍以上も速い、ということはなさそうだ。

一方、スギやヒノキを伐るとどうか。鉄斧ではそれこそサクサクとすぐ伐れるが、石斧では打撃を与える割には伐れない。しかもその打撃が材内に目に見えない小さな割れ目をたくさんつくってしまい、加工が進むにつれてこの割れ目が製品を台無しにしてしまう可能性があり、精密な木製品をつくるにはたいへんな神経を使って時間をかけて加工したのではないかと思う。鉄の刃物ではそのような割れなどほとんど入らないから、鋭い刃先でどんなようにでも細工ができたことだろう。

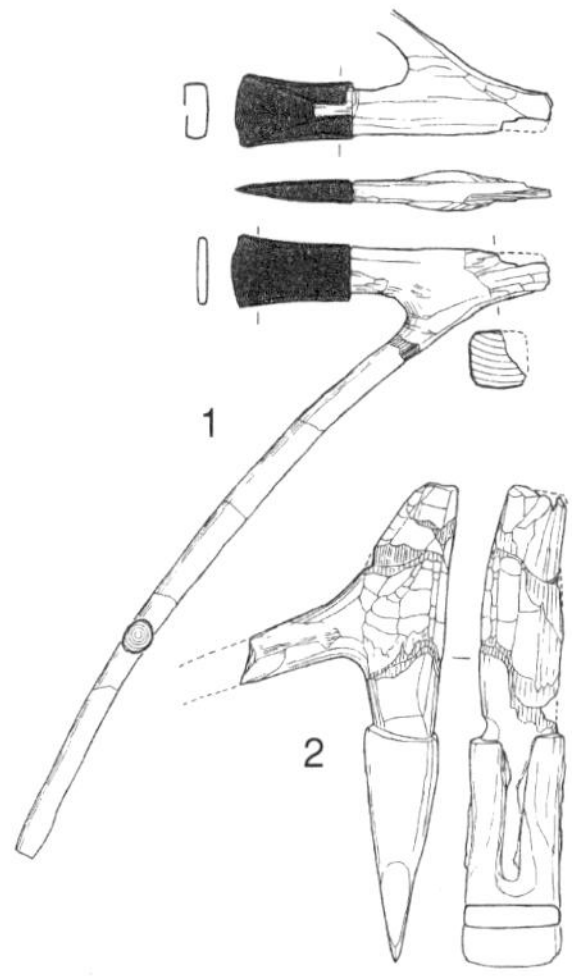

図7-10　古代の鉄斧　1は兵庫県辻井廃寺（8世紀後半）の縦斧で膝柄はカシ類製。2は兵庫県上原田遺跡（8世紀後半）の横斧で柄の材質は不明（奈良国立文化財研究所、1985）。

針葉樹利用は縄文時代から

針葉樹の利用はなにも古墳時代になってはじめて始まるわけではない。イヌガヤの弓材など特殊用途への針葉樹材の利用は縄文時代のはじめから見られるものだが、ここでいう針葉樹利用とは建築材やさまざまな生活具、器具などへの広範な利用である。北陸地方では縄文時代の頃からスギ材が多く利用されてきたことが鳥浜貝塚遺跡の例でわかる。ここでは丸木船をはじめ板材や棒などにスギが多く使われ、遺跡が豊富なスギ資源の中にあって、これを活用していたことがわかる。弥生時代の静岡県地方でもスギ材が非常に多く利用された。山木、登呂遺跡に代表されるように、建築材、土木用材から始まって刳物容器や各種器具材など、他の地域では広葉樹を使っているじつにさまざまな用途にスギ材が用いられている。中にはむしろスギをやめて広葉樹材を使った方がよほどつくりやすく、また使いやすいのではないかと思えるようなものにまでスギを使っている。

このように木材加工の刃物が鉄に代わる以前から、そして鉄器が普及してさらに加速して針葉樹が大量に利用されている例はあるのだが、これらはいずれもそれらの針葉樹が大量に生育していたという植生的背景のもとにあるといえる。他の地域でも針葉樹は生えていたのだが、やはり広葉樹を使い続けていたのが弥生時代ではないだろうか。それは鉄器の普及にともなって徐々に、そして、確実に針葉樹中心へと移っていった。

8章　針葉樹三国時代　―鉄と律令の世界―

1　古墳時代の主役はコウヤマキ

主要針葉樹の現在の分布

弥生時代から古代にかけての木の文化史で大きな役割を果たした針葉樹はスギ、ヒノキ、コウヤマキとモミである。この針葉樹四種は、それぞれ分布が少しずつ違うのとともに、材質も異なる。それぞれの種の紹介のところで材質については触れるが、総合的な材質の評価としては、コウヤマキ、ヒノキが優れ、スギが一段落ち、モミはさらに落ちるともいえる。その一方、いずれも樹脂道がなく、アカマツやクロマツに比べると脂っぽくないという共通の性質がある。顕微鏡で見る構造もそれぞれの違いはもちろんある（カラー口絵16）が、他の針葉樹や広葉樹と比べたら、これら四種はたがいにある程度似ているといえるだろう。

現在のスギの分布図を見ると青森県南部から九州の屋久島まで点が打ってある。ところが、実際には、点の打っていないところにもスギはたくさん生えていて、毎年春になると多くの人たちにたいへんつらい思いをさせ、恨みを買っている。スギはたいへん古くから天然林が伐採され、その一方で幅広く植林されてきているので、本来のスギの天然分布というものははっきりしない。同様に、コウヤマキは本州中部から九州までが分布域で、飛んで福島県と新潟県の境にあったりする。ヒノキはほぼ関東以西で、屋久島を南限とする（カラー口絵14）。モミは東北地方中部以南が分布域でやはり屋久島を南限とし、東北地方の日本海側では少ない。

これらは現在での「天然分布」とみなされるものであるが、人々がこれらの針葉樹の木材を利用し始めた頃とはずいぶんと分布域が異なっていることが十分考えられる。弥生時代から古墳時代前期、古墳時代中期から古代の二つの時期に分けて、各地の遺跡から出土した木材の樹種構成を大まかに示したのが図8-2、8-3である。現在の分布図とこの図を両方眺めながら針葉樹の栄枯盛衰を見ていこう。

コウヤマキという木

高野山では「高野六木」と称してスギ、ヒノキ、モミ、ツガ、アカマツ、コウヤマキを挙げているが、いずれもわが国の有用針葉樹である。「木曽五木」などと違うのはコウヤマキ（高野槇）が入っていることである。かつてはスギ科コウヤマキ属とされていたが、最近ではコウヤマキ一種で

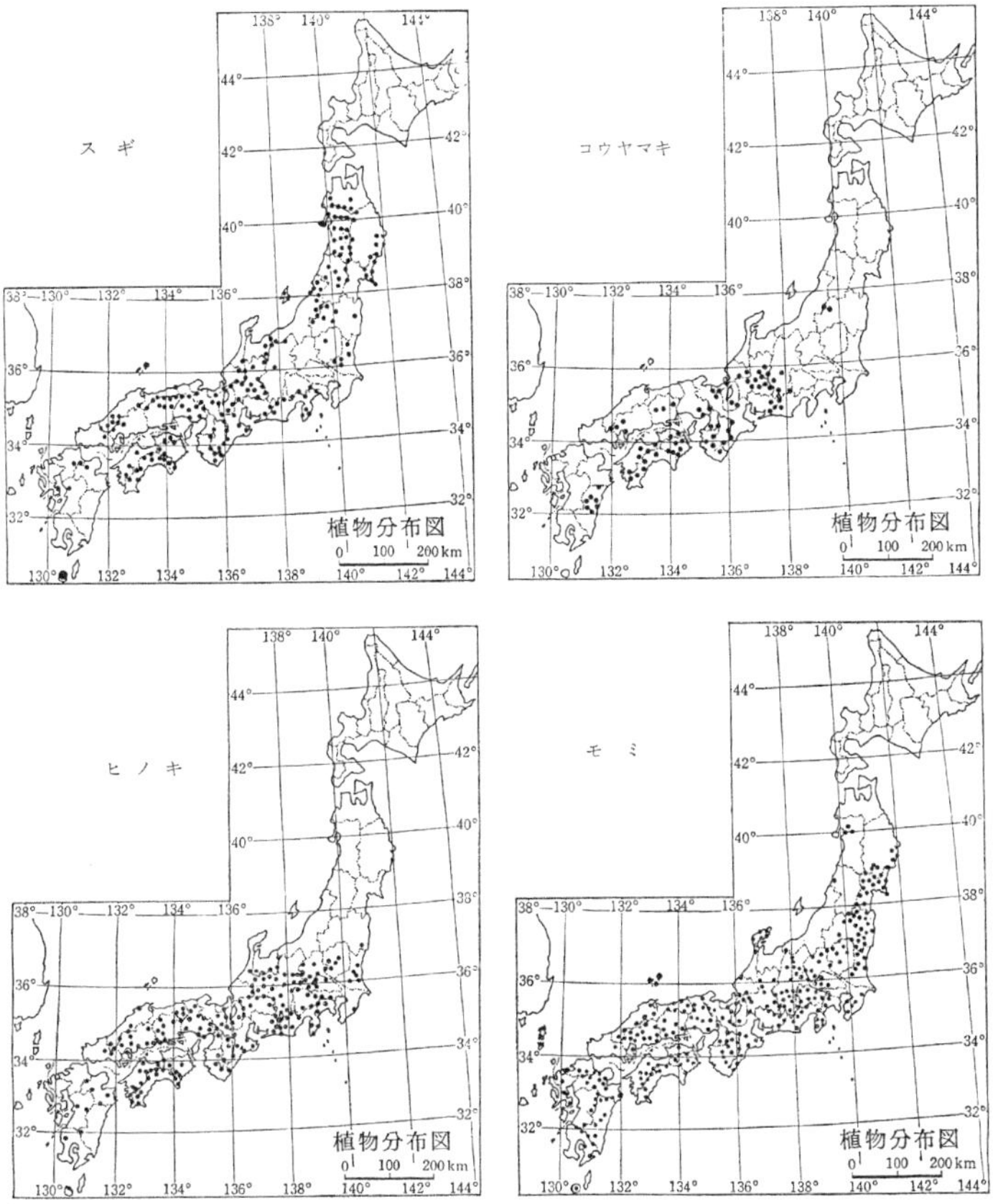

図8-1　針葉樹4種の現在の分布（林、1969）

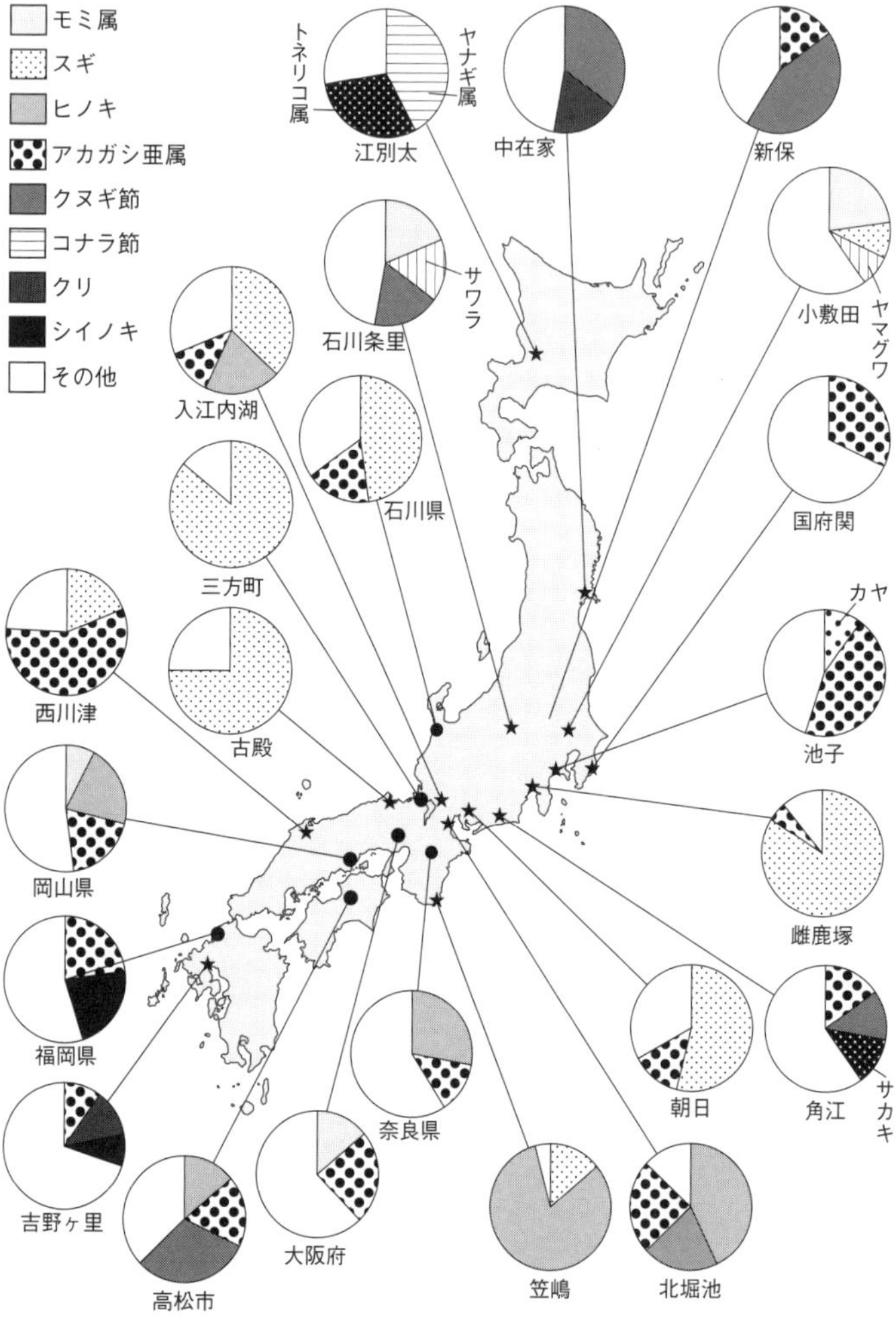

図8-2　弥生時代～古墳時代前期にかけての木材利用　星印は単独の遺跡、丸印はその地域の複数の遺跡の加工木のデータを集計したもの。主要な樹種についてのみ表示してある。データは山田（1993）および引用文献掲載の遺跡報告書等に基づく。

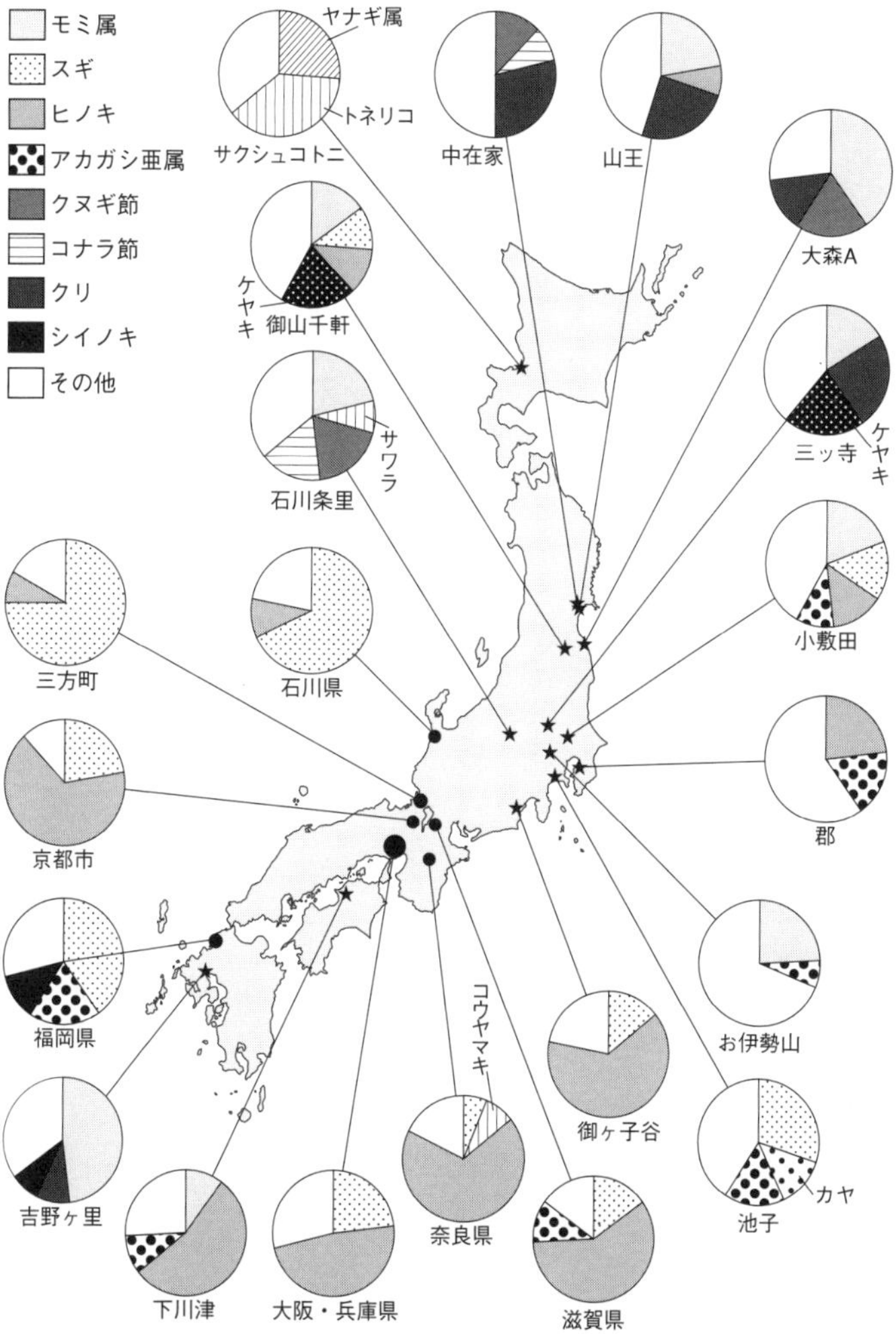

図8-3　古墳時代中期～古代にかけての木材利用　星印は単独の遺跡、丸印はその地域の複数の遺跡の加工木のデータを集計したもの。主要な樹種についてのみ表示してある。データは山田（1993）および引用文献掲載の遺跡報告書等に基づく。

コウヤマキ科をなすと分類されている日本特産の木である。葉は二本の針葉が癒合した構造をしており、球果は他のスギ科に似るものの、木材には特殊な構造があって、容易に区別がつき、針葉樹類のなかでは特異な位置にある。化石も中生代から見つかっており、非常に古い植物群のただ一つの生き残り、つまり生きている化石である。成長は遅いがその分寿命が長く、樹齢五〇〇年くらいで幹の直径一メートルを超え、樹高四〇メートルになる。幹が通直で、材はスギ、ヒノキより重く、強靭で耐朽性に優れ、特に水湿に強い。このような優秀な木材が鉄の刃物が普及した頃から注目を受けたことは間違いない。

コウヤマキは棺に

日本書紀巻一神代上に、素戔嗚尊《すさのうのみこと》が「杉乃び櫲樟、此の両の樹は、以て浮宝《うきたから》とすべし。檜は以て瑞宮《みつのみや》を為る材にすべし。柀は以って顕見蒼生《うつしきあおひとくさ》の奥津棄戸《おきつすたえ》に将ち臥さむ具にすべし。」と言う下りがある（岩波文庫一〇二頁）。スギとクスノキは舟に、ヒノキは宮殿建築に、コウヤマキは木棺に用いるべし、というのがほとんどの解釈の一致するところである。

弥生時代前期まではコウヤマキが遺跡から出土することは非常にまれなのだが、中期になると大阪を中心に華々しく登場する。東大阪市と八尾市にまたがる山賀遺跡からは弥生中期の木棺が一一基発掘された。その蓋板、底板、側板、小口など四三のパーツの樹種が調べられたが、一二五点がコウヤマキ、次いでヒノキが一五点、あとはカツラが二点、シイノキが一点であった（山田、一九九三）。弥生中期以降の方形周溝墓から出土した木棺も同様で、まさに素戔嗚尊が命じる前（?）から利用されてきたといえる。

これは古墳時代の木棺もまさにそのとおりである。時代を問わずに、木棺として報告された北海道も含めた全国からのデータの集計では、一二三一例中一二三例がコウヤマキ、五三例がヒノキ、スギが九例となっている。コウヤマキが使われていた一二三例のうち関西以外の出土は愛知、岐阜、福岡の三例のみ、逆に関西でコウヤマキ以外が使われていたのはヒノキ、スギなどで一〇例にもならないという（島地・伊東、一九八八）。木棺の時代は大部分が古墳時代、それに弥生時代であり、

図8-4　高野山の学術参考林のコウヤマキ　幹直径1m、樹高30m以上ある。

関西地方の木棺がほとんどコウヤマキ一辺倒であったことがよくわかる。コウヤマキは日本特産と述べたが、コウヤマキの木棺は朝鮮半島の古墳からも出ている。百済の扶余（韓国の中西部、忠清南道）の王墓といわれる陵山里の古墳から出土した木棺一〇例がすべてコウヤマキであったという（尾中、一九三九）。尾中博士

はコウヤマキが日本特産なので棺材は日本から送られたものに違いないと推察している。

コウヤマキ資源の枯渇

コウヤマキはきわめて優秀な針葉樹材であり、なにも木棺だけに使われたのではない。次に述べるように平城京の建物に使われた柱材の三割以上がコウヤマキであるし、水湿に強い特性を生かして樋、桶、井戸枠などの水場まわりに利用している例が目立つ。その上、衣笠とか鳥形のような祭祀具、柱のみならず板材、角材などの建築部材にも用いられ、ヒノキと同じようなオールマイティに利用されたことがうかがえる。

高野山では社殿などの将来の建て替えのために高野六木を自ら高野山周辺に植林し、樹木を育成することがたいへん古くからおこなわれてきた。もちろんコウヤマキがその主要な樹木であり、育成保護されてきたからこそ現在もたいへん立派なコウヤマキが多数生育している。

近畿・瀬戸内地方の他の地域では、コウヤマキの大材をただ伐り出すだけで一方的に消費してしまったため、もともとの資源量はあまり多くなかったこともあり、すぐに枯渇してしまったようで、その後の遺跡出土材ではまれな存在となる。

2　ヒノキの登場

ヒノキという木

ヒノキの名前を知らない人はまずいないのだが、野外でいざその木を指し示せとなるとどの木だかわからない、ということが多いのも事実である。特にサワラとの区別となるとちょっと専門的になる。サワラは枝葉が細く、葉先が鋭くとがっているが、ヒノキはやや幅広く先が丸い。アスナロは明日はヒノキになろう、という意味で名付けられたとよく説明されるが、事の真偽はともかく、さらに幅広く、枝葉が太い。わが国に自生しているヒノキ科ヒノキ属にはヒノキとサワラがあり、いずれも日本特産である。ヒノキも成長が遅いが寿命が長く、大木となり、コウヤマキにまして劣らぬ優秀な針葉樹材である。木材は淡黄色で心材はやや色が濃く、芳香がある。繊維が真っ直ぐで肌目《きめ》が細かく、光沢があって、割裂・切削加工が容易である。耐朽性、耐湿性にもきわめて優れている。現在でも最高級の建築材、家具、器具材であり、また、仏像などの彫刻材としても重用されている。

図8-5　ヒノキの枝　ヒノキの球果は丸く小さい。

古代の王都

古墳時代を経て大和朝廷が成立してからは、近畿地方にその王都を造営するようになる。図8-6の地図は奈良、平安時代までの近畿地方に造営された王都の変遷を示している。中国から仏教のみならず政治、行政のシステムも取り入れてこれらの王都造営が計られたわけだが、これらの建築物には大量の木材が用いられた。その最大規模のものが平城京である。

奈良市役所の一階ロビーに平城京の模型が展示してある。平城京の中核をなす平城宮には大極殿、朝堂院、内裏、大安院などの大きな建物が並び、その周囲には王族、藤原氏をはじめとする官人貴族の屋敷が居並び、都内外に興福寺、東大寺など大きな寺院がいくつもあった。これらはもちろん木造建築である。

当時の中国の場合は基礎が石づくりであるが、上屋は木材でつくっていた。北京の紫禁城（故宮）を訪れるとわかるように、日本の建築物に比べて石の使われ方が非常に多い。日本では、礎石はもちろんあるが、それ以外は石はあまり使われておらず、ほとんどの部分が木である。平城京の巨大な建物をつくっている柱はなんの木が使われているかというと、約六割がヒノキ、三割がコウヤマキで、この二つの樹種がほとんどを占めるという結果が出ている（島地・伊東、一九八八）。都をつくるのにいったいどれほどの木が伐り出されたことだろう。

古代の王都は政変が起こったり、疫病が蔓延したり、天皇が代わったりなどさまざまな理由で場所が移された。聖徳太子の頃は飛鳥の地で宮を移しながら政治がおこなわれたが、宮自体の規模はそれほど大きなものではなかったようだ。天智天皇の頃（六六七年）、大津京に都が定められ、藤原京へ、そして七一〇年に平城京へと遷都する。この間、恭仁《くに》京、難波《なにわ》京、紫香楽《しがらき》宮などが短いあいだだが都とされ、平城京の後は長岡京を経て平安京に七九四年に移される。また、蘇我氏の焼き討ちのように、当時の建物は簡単に燃えるし、政変ではない火事も多かったようだ。そして人々は、燃えたら建て替える、都が移れば新たに建てる、ということを繰り返していた。

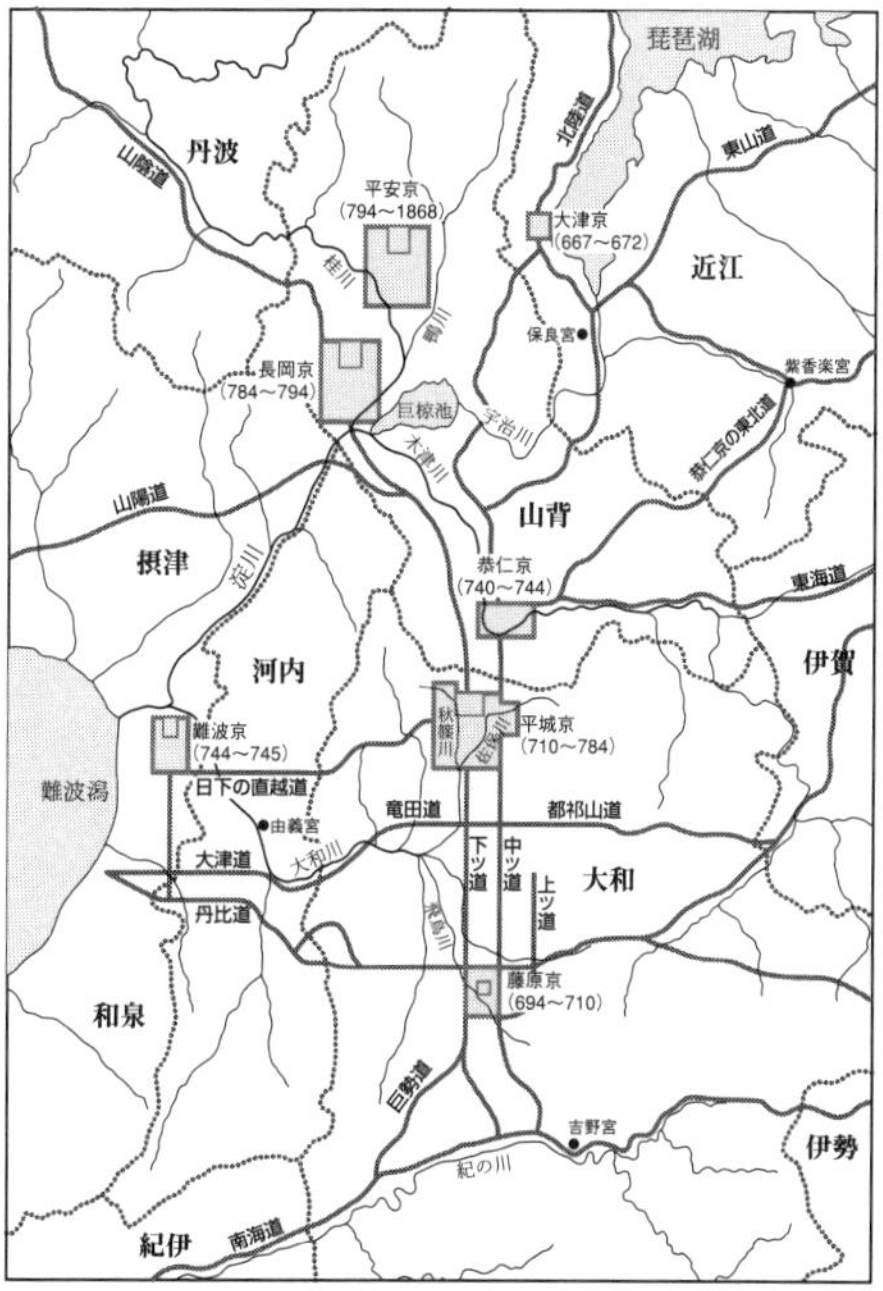

図8-6　畿内における古代の都の変遷　長く続いた平城、平安京以外に短期間に各所を移ったことが示される（週刊朝日百科『日本の歴史』48号をもとに作図）。

　このように、約一三〇年の間に七、八回も都が移っているわけだが、都の大小はともかくとして、そのたびに大量の木材が必要であったことは間違いない。大型の建物に使っているヒノキ材は直径五〇～一〇〇センチくらいあるもので、樹齢は二〇〇年から五〇〇年である。その材を使った建物を二〇年から四〇年くらいの単位で建て替え、あるいは燃やしてしまうのだから、いかに資源量が多くとも瞬く間にヒノキはなくなってしまうだろうことが容易に考えられる。記録によると、新しい京をつくるときにもとの都の建物を壊して、その柱を運んで再生利用をしていたらしい。再利用はしているけれども、それでは足りないし、またこれとは別に、畳と女房は、とかいうように、日本の文化というのはどうも新しいものを好む特質がある。

たとえば、伊勢神宮の祭神は二〇年に一回新しく建て替えた宮に移る（遷宮）ということを一〇〇〇年以上にわたっておこなってきた。この遷宮の際には、古い木材はいっさい使わず、全部新品のヒノキ材を使う。話によると、最初は伊勢のまわりでヒノキ材を調達していたのが、平安時代には鈴鹿から運ぶようになり、江戸時代は木曽から、明治も木曽、昭和に入ってからも戦前はまだ木曽で調達できていた。ところが、現在では木曽ではもう調達しきれず、台湾のタイワンヒノキを輸入して間に合わせた、という。

このように古代の畿内、瀬戸内地方では大量のヒノキ材を天然林からどんどん伐り出したため、コウヤマキ同様、資源が枯渇していったのは間違いない。

ヒノキの用途

柱材ばかりがヒノキの用途ではない。畿内の古代の出土木製品を見ると、ヒノキ材がありとあらゆるところに使われていることに改めて驚かされる。建物のありとあらゆる部分に使われ、箱物、指物、家具、木簡、それに斎串、人形、刀形などの祭祀具などはほとんどヒノキである。曲げ物、折敷、桶なども大部分がそうである。檜扇《ひおうぎ》というまさにヒノキでなければならないものもある。このような細かい細工を要するものをつくるには、均質で切削加工がしやすいヒノキ材はまさにうってつけだろう。藤原宮から出土したさまざまな木材五五〇〇点あまりを調べたら、じつにその九八％がヒノキ材だったという（嶋倉、一九七〇）。図8-2で見るように弥生時代から古墳時代にかけての遺跡では、和歌山県の笠島遺跡のように八割もヒノキが占める遺跡があり、三重県の北堀池、奈良県などでもいち

図8-7　法隆寺の五重塔　日本最古の木造建築で知られる法隆寺の大部分の建築材はヒノキである。

ばん優占しているし、滋賀県の入江内湖遺跡でもスギに次いで多い。しかし、その他の地域では優占することはない。それが、その後に続く古墳時代中期～古代となると、ヒノキ材が優占する地域が大きく広がる。奈良、京都、滋賀、大阪、兵庫、香川県の下川津遺跡、岡山県と畿内および瀬戸内地方でもっとも優占する。このような大量のヒノキ材消費はもちろん資源の枯渇に直結したことだろう。

3　スギの歴史がもっとも古い

律令制と地方の木材利用

律令制は朝廷の施策を全国一律に施行するシステムの構築でもあった。国を設け、国府を置き、そこには都のミニチュア版のように政庁、正倉、兵庫、館、回廊など設けられ、そしてその近くには国分寺と国分尼寺が建てられた。地方にあっては中央政権の権勢を民に示すためのものであり、豪華さと威容を誇ったものであったようだ。この造営のための木材もかなりな量が必要だったのは間違いない。また、国の下には郡が置かれ、有力土豪を郡司とし、郡家が設けられたが、これらの建物も民が暮らす竪穴住居とは違って、掘立柱、あるいは礎石建物であった。国府や郡家の建物にも関西地方ではヒノキがおもに用いられたが、ヒノキ材のない地域はどうしたのだろうか？　ヒノキのない地域では在地でもっとも資源があり、材質がヒノキに類似した針葉樹材が代用として選ばれただろうということは想像に難くない。

スギは温暖で湿潤なところを好む

スギの天然分布域（図8-1）が年間降水量二〇〇〇ミリ以上の地域とよく一致することを遠山富太郎（一九七六）が指摘している。塚田松雄（一九八〇）は温暖湿潤な気候を好むスギが氷河期には福井県の若狭地方に残存し、その後の温暖化にともなって急速に分布域を拡大したことを論証した。すでに紹介したように氷河時代から現在までの日本海の海況の変化を酸素同位体比で調べた大場（一九八三）は、海面が上昇して寒冷な日本海に対馬暖流が本格的に流れ込み始めたのは約八〇〇〇年前という。また、前線帯の北上で太平洋側の南東斜面にも雨が多く降るようになった。このように地球温暖化と、特に日本海側での多雨、多雪化によりスギが分布を拡大した結果、青森から北九州にかけての日本海側、それに四国、紀伊から伊豆半島にかけての太平洋側にはスギの天然林が優勢になった。

若狭のスギ埋没林

完新世になって豊富となったスギの木材資源は、もちろん縄文人にも利用された。鳥浜貝塚遺跡では縄文時代前期になるとスギが一〇％程度と、かなりの比率で存在し、また、丸木舟をはじめとして縄文時代からスギ材の木材利用も盛んで（能城他、一九九六）、福井県の三方地方ではその後、古代にかけてはスギ材の集中的利用はいっそう顕著になる（辻他、一九九一）。これだけのスギがいったいどこに生えていたのだろうか。

スギの分布域は冷温帯とみなされ、現在では天然の林というものは屋久島とか、立山の美女平とか、京都大学の芦生演習林とか、かなり山奥に行かないと見ることができない（カラー口絵17）。しかし、平地生のスギの林が唯一、富山県入善《にゅうぜん》町にある。日本海から一〇〇メートルほど内陸部にこんもりとした森があり、杉沢のサワスギとして天然記念物に指定され保護されている。ここは黒部川の扇状地の末端で、中にはこんこんと清水が湧き出している。この湧き水地に天然性のスギ林があるのである。かつては一帯にこのようなサワスギが生えていたのだが、水田の開発によって現在ではここだけが残っている。同じ富山県の魚津市の埋没林は二〇〇〇年ほど前のもので、スギの根株が現在の海面よりやや低いところから多数見つかっていて、そこにはスギ林があったが、その後の海面上昇によって埋没したことを示している。

そして、鳥浜貝塚遺跡にほど近い三方町の黒田というところ（高原・竹岡、一九九〇・辻他、一九九五）および敦賀市（植田・辻、一九九四）の、現在は水田となっている低湿地には縄文時代後期および弥生時代にスギ林が存在していたことが知られている。黒田の水田から圃場整備で掘り出

1

2

3

4

図8-8　天然のスギ　1：屋久島の縄文杉。樹齢7200歳といわれるが実際の年齢はその半分以下ではないかと考えられる。2：京都府美山町の京都大学芦生演習林のスギ天然林。3、4：富山県入善町の杉沢の沢スギ。

されたスギの根株は幹の直径が優に一メートルを超える巨大なもので、これが現在水田となっている一帯に広がっていた。スギの他にハンノキやヤチダモもいっしょに生えていたことから、湿地生のスギ林といえる。年代は約三〇〇〇年前頃のものと二〇〇〇～一六〇〇年前の頃のものがあり、鉄斧で切り倒された根株もある。このようにかつては平地の湿地にスギ林が広がっていて、それを縄文人も利用したし、弥生人、古代人も利用し、ついにはスギがなくなって、現在では水田として利用されているのだということがわかる。

登呂遺跡のスギ埋没林

静岡県東部では愛鷹山や天城山ですばらしいスギの天然林を見ることができるが、もちろん平地には植えたものしかない。しかし、若狭同様、ここでも平地にスギ林があったのである。登呂遺跡では多くの竪穴住居、高床式建物、それに水田が発掘された。それらの建築材や各種道具類、それに田の畦や水路を区画する杭や矢板など、ことごとくにスギ材が使われていることがわかり、さらに、昭和一八年には四ヶ所に埋没林があることがわかった。これらの埋没林でいちばん多いのはスギで、他にシラカシ、イヌガヤ、クスノキなどである。スギの最大株は推定直径九〇センチもあるが年輪はわずか六〇あまりで、きわめて良好な成長をしている（亘理、一九七八）。これは遺跡のすぐ周囲にスギと常緑広葉樹からなる森林があって、ここからスギ材を伐り出して利用していたこ

1

2

図8-9　福井県三方町黒田のスギ埋没林　1：水田にある草饅頭はじつはスギの切り株が頭を出しているもの。2：掘り上げられたスギの根株。

と、スギが冷温帯特有のものではなく、暖温帯に常緑広葉樹とともに生育するものであることを如実に物語っている。なお、この森林は遺跡の廃絶のもととなった洪水などにより埋没されて消滅したものと推定している。

スギ材の利用と失われたスギの平地林

スギ材は縄文、弥生時代にも大いに利用されたのだが、その利用はすぐ身近にスギ林があって容易に手に入る地域で目立ったものであった。スギ材は切削加工が容易で強靭だが、ヒノキやコウヤマキに比べると軽く軟らかで、晩材と早材の差が大きく、材質としては一段劣る。しかし鉄器の普及はスギ材の利用価値を大いに高めたことだろう。

北陸地方の古墳からも木棺がいくつか発掘されているが、それらの樹種は調べたかぎりにおいてはスギであった。ヒノキが分布しない、あるいは資源量がわずかしかないこの地域では、豊富なスギ材がヒノキの代用として選抜されたことは想像に難くない。図8-2に見るように、本州の日本海側では石川県、福井県三方町、京都府の古殿遺跡などでいちばん優占し、島根県の西川津遺跡ではカシ類に次いでスギが多い。太平洋側では伊豆半島から岐阜県にかけての地域で優占していることがわかる。これが古墳時代中期～古代（図8-3）になるとスギの多い地域は広まり、西は福岡県、東は神奈川県（池子遺跡）、千葉県にまでいたるようになり、やはりスギ利用地域の拡大が認められるし、この前の時期にはあまり顕著でなかった畿内地方での利用の広まりも認められる。これらはヒノキ材を第一とするものの、代用にスギもかなり利用されていたことをうかがわせるものだろう。

若狭も登呂もかつては平地にもスギが生えていたことを示している。入善のサワスギの存在は、日本海側の地形を見ると、黒部川同様の扇状地地形は富山平野、砺波《となみ》平野、金沢平野、福井平野など各所に見られる。それらはいずれも現在では穀倉地帯となっているが、ここにもスギの平地林が広がっていた可能性が考えられる。さらに、現在、スギは冷温帯性とみなされているが、冷温帯に適していて、暖温帯を好まないのではなく、暖温帯でも旺盛に生育できるのであって、暖温帯での分布域では海面上昇などとともに人々による伐採利用、生育地の開発などによって失われてしまったものであることがよくわかる。

4　モミの木は消えた

モミの木の性質

一方、関東地方平野部以北の太平洋側地域にはヒノキもスギもほとんどなかった（図8-2）。この地でヒノキの代用に選ばれたのがモミである。モミ自体は太平洋側では岩手県南部以南、日本海側では新潟県以南、九州南部まで広く分布していて、暖温帯上部、あるいは中間温帯とかいわれる気候帯に多い。成長が速く針葉樹の中では寿命が短い方であろう。材質は木理通直で加工は容易だが肌目《きめ》は粗く、軽く軟らかで狂いが出やすい。だから材質はヒノキ、コウヤマキより二段、スギより一段劣るといえよう。

わが国に自生しているモミ属は亜高山帯および亜寒帯にアオモリトドマツ、シラベ、トドマツがあり、冷温帯にはウラジロモミがあり、いずれも材構造が互いに似ているため、材からはこれらの種を特定することはできない。しかし、分布からみて出土材の大部分がモミであることは間違いないだろう。

モミ材の利用地域

図8-2に見るように、弥生時代～古墳時代前期にかけて、モミの利用が多いのは長野県の石川条里遺跡くらいである。それが、古墳中期～古代になるとぐんと増えて、関東、東北の多くの遺跡でモミが優占し、そして、なんと九州に飛んで吉野ヶ里遺跡でも優占するようになる。もちろん、これらの地ではいちばん優占するということであって、ヒノキやスギが優占する地域でもモミ材は必ずといってよいほど出土し、どの地域でも利用されていたことがわかる。

建築材、板材、角材などの利用が多いものの、弥生時代の木製の盾とか、モミだけの用材が見られるものもある。モミがヒノキ材の代用であることを如実に示す結果が宮城県の山王遺跡で出ている。ここは東北地方を治める最前線の多賀城政庁のあったところで、都からは官人が入れ替わり立ち替わり赴任してきて、都からの文物もたくさんもたらされていたことだろう。しかし、出土した木材を調べておもしろかったのはヒノキとモミの関係である。この遺跡の出土材を卒業研究とした東京学芸大学の学生だった松葉礼子さんによると、ヒノキは六〇点ほど出ているのだが、その大部分（三五点）は曲げ物である。あとは斎串、形代《かたしろ》、檜扇など、ヒノキ材のごく普通の用途で、木簡も三点ある。これらのヒノキ製品はいずれも都から赴任してくる官人が携えてきたものであり、また、木簡は都からの通達や荷札と考えることができる。

これに対してモミは一七〇点も出ており、その多くが建築材であるが、曲げ物が三〇点も出ており、さらに斎串、形代、木簡、そして檜扇まである。都では必ずヒノキを使うべきところに、まさにモミで代用している様子がじつに明白である。それにしてもモミは材質が劣るので、曲げ物は折れやすかっただろうし、木簡は墨の載りが悪かったに違いない。檜扇にいたっては果たして実用になっただろうかと疑問になってしまう。余談だが、松葉さんも仙台に半年以上住みついて卒業研究をおこなった。

消えたモミ林

埼玉県所沢市の早稲田大学所沢キャンパスでのお伊勢山遺跡の調査によると、この辺り、縄文時代後～晩期にはモミ属が優占していた。このモミ林も古墳時代から平安時代にかけて漸減し、中世にはほとんどなくなってしまった。いまでは狭山丘陵地帯では神社の境内などでぽつりぽつり見かけるものの、雑木林が広がるばかりで、モミの木はほとんどない。ここに限らず、関東、東北の丘陵地にはモミはむしろまれで、もう少し山に入った、暖温帯上部あるいは中間温帯といわれるところまでゆくと多く見られるようになることはすでに述べた。

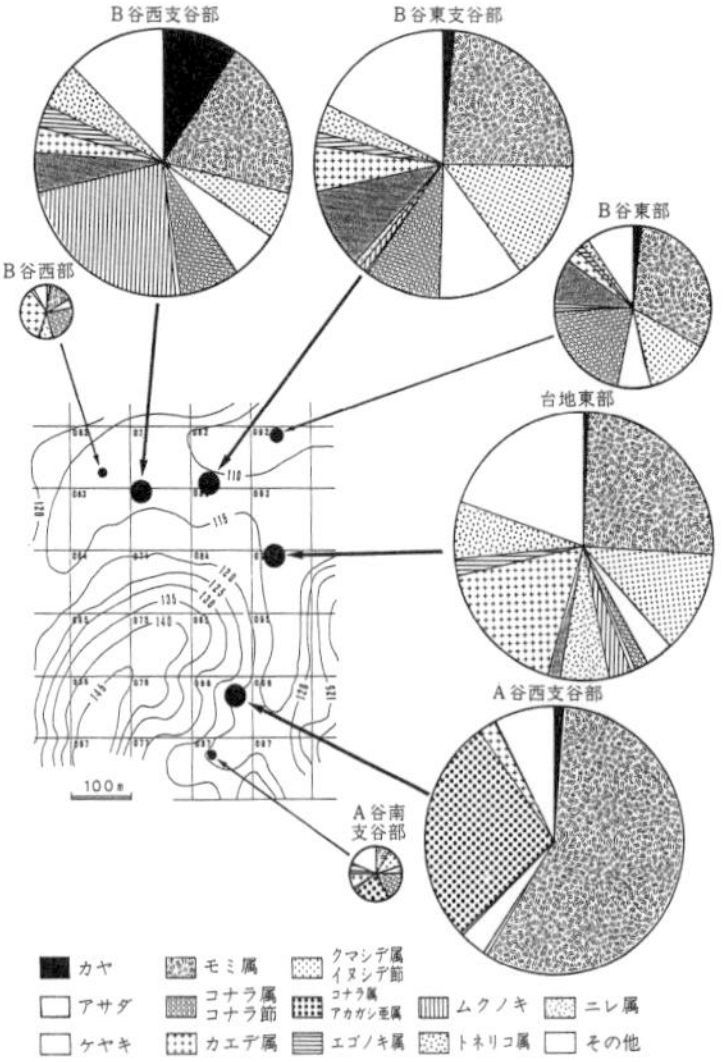

図8-10　埼玉県所沢市のお伊勢山遺跡の古代の自然木組成　小さな丘陵のまわりの谷からたくさんの木材が出土した。その樹種組成ではモミがいちばん多い。丸の大きさは試料点数を表し、大は1000点以上、中は400～1000点、小は400点未満（能城・鈴木、1990b）。

私の勤める東北大学理学研究科附属植物園は仙台城が築かれた青葉山にあり、モミの天然林があることで有名で、国指定の天然記念物となっている（カラー口絵18）。園内最大のモミの木は胸高直径一一五センチ、樹高三六メートルあり、樹齢約三〇〇年と推定している。ここにこのような立派なモミ林があるのは、仙台城の搦め手にあたり、藩政時代から立ち入りや木の伐採が厳しく禁じられてきたからである。関東、東北地方には本来、このようなモミ林がずっと続いていたものが、木材利用のための伐採と、土地の開発により生育地が失われ、いわばここだけに残されているといえる。「樅ノ木は残った」は山本周五郎氏の伊達騒動を題材にした時代小説のタイトルだが、ほとんどのモミの木は消えたのである。

5　その他の地域

針葉樹三国時代は成り立つか？

北海道をのぞく地域の古代の主要針葉樹はヒノキ、スギ、モミの三種で占められることを述べてきた。各地の遺跡から出土した材の構成からそれぞれの樹種の優占する地域を地図に表すと図8-11となる。もちろんこの図はたいへん大雑把に書いたもので、図の中の境界線は厳密なデータに基づいて引かれたものではない。それでも、針葉樹三国時代の概略は見て取れると思う。このような図

図8-11　古代の木材利用樹種圏

をもとに新たな遺跡のデータが加わるたびに各樹種の広がりをつかむことができれば、境界がはっきりしてくるものと期待しているのだが、最近になって三国ではなく、四国あるいは五国の様相が見えはじめてきた。

ヒバの国

青森県の下北半島と津軽半島はヒバ（ヒノキアスナロ）の名産地で、今も立派な天然林を見ることができる。ヒバはアスナロの変種で、北海道の道南から東北地方、関東地方、北陸は能登半島まで分布している。アスナロの方は青森県南部から九州まで分布し、ヒバの方が北で標高の高いところ、アス

図8-12　天然ヒバの巨木　下北半島の西南端、青森県脇野沢村にて。

ナロが南で低いところとだいたい住み分けている。天然のヒバは稚樹のあいだは成長がたいへん遅く、直径一〇センチぐらいになるのに一〇〇年近くかかる。そのくらいまで成長すれば、樹冠に陽が当たる高さに達するのではそれ以降は成長がよくなり、二〇〇年くらいで直径が七〇センチほどになる。材質は木理通直で肌目が精、やや軽軟で切削加工が容易で仕上がりがよい。ヒバの香りには殺菌性が高く、耐朽性、特に水湿に強い。ヒノキに勝るとも劣らない材質といえる。

アスナロと同定される木材はほぼ全国的に出土するが、その量は少ない。青森県の三内丸山遺跡で見つかった縄文時代中期の名札状や箸状の木製品がヒバであることを紹介したが、同じ青森市にある平安時代の野木遺跡からは板材などとともに多量の箸、曲げ物が出土した。箸は八七点のうち八二点がヒバで、スギが五点である。曲げ物は二九点のうち二五点がヒバで、スギが三点、イヌガヤ一点であり、ヒノキはまったくない。この遺跡では竪穴住居が多数発掘され、また、畑の畝状遺構などもあることから、大きな村であったようで、在地産の木材を使っていたことがわかる。また、時代は中世と下るが、津軽半島の十三湊遺跡でも井戸の杭や井戸枠材などにヒバ材がよく使われていて、青森県地方が「ヒバの国」であることを物語っている。ただ、東北地方の北半分での出土木材の調査例はまだまだ少なく、ヒバの国がどこまで広がっていたかは皆目見当がつかない。

サワラの国

長野盆地（更埴《こうしょく》地方）の石川条里遺跡は弥生時代から古代までの低湿地遺跡で一万点を超える大量の木材を出土した。その組成を見ると、弥生時代にはだんとつに優占する樹種というものがなくて、モミ（一八・六％）、クヌギ（一七・五％）、サワラ（一五・五％）、ナラ類（一二・九％）と針葉樹が多いものの、他にもさまざまな樹種が利用されていた。古代も同様で、モミ（二一％）、クヌギ（一八・六％）、ナラ類（一六％）となりサワラは八・〇％である。全般的にモミが優占するものの、モミへの集中度はそれほど高くなく、サワラが補完しているといえる（能城・鈴木、一九九七）。

サワラはヒノキ属で、おもに東北南部から中部地方に分布している。木曽の赤沢自然休養林に行くと直径一メートル近いサワラの大木を見ることができるが、ヒノキより成長が速く、材質は劣るものの、モミよりは優れているといえる。サワラ材は全国の遺跡から出土するが、いずれの遺跡でもわずか数点と、比率の上ではたいへん少ないのが普通である。それが更埴地方で他に例を見ないほど多い量が使われたのは、一つには資源が多く存在したことと、ヒノキ、スギの良材がない中で代用として選抜されたことを示している。それも弥生～古墳前期にかけての方が古墳中期～古代にかけての時期より多い（出土数でははるかに多い）のは、まずサワラが使われ、それが枯渇してモミや広葉樹材に移ったことを示唆しているのかもしれない。

6　仏像の木の文化

木彫仏の流れ

六世紀に日本に仏教が伝えられたが、仏教の大きな要素として仏像がある。仏像の材質についてば仏教芸術の分野で詳しい研究がなされているが、木彫物に関しては、その樹種がなんであるかは非常に興味のあるところである。

北海道から九州にまたがる飛鳥時代から平安時代までの仏像六六〇体あまりの材質を調べた小原二郎は、木彫仏の材質は飛鳥時代はクスノキがほとんどで、それが金銅、乾漆、塑造などの優勢な奈良時代を経て平安時代になるとヒノキへと入れ替わり、それもヒノキの一木づくりから平安時代の終わりから鎌倉時代になる頃には寄せ木づくりへと変わってきたことを明らかにした（小原、一九七二）。奈良中宮寺の弥勒菩薩半跏思惟像、法隆寺の百済観音像など皆クスノキであるという。クスノキは素戔嗚尊が舟に使うように指示したと日本書紀にあることは紹介したが、芳香と材質から白檀の代用として選ばれたものというのが大方の見方である。

奈良時代になると木彫仏が減るが、乾漆や塑造の像の心木としてヒノキが用いられ、それが平安時代のヒノキの木彫像になっていったというのが小原氏の解釈である。

六六〇の仏像の樹種

仏像は国宝や国の重要文化財がたくさんあり、また都道府県や市町村の文化財の指定を受けているものがほとんどであり、よしんばそうでなかったとしても、お寺のご本尊であり、とてもじゃないが、剃刀で切片を切って顕微鏡で見るわけにはいかない。六六〇もの仏像を調べた小原氏の苦労は並み大抵でなかったことは想像に難くない。それでも一〇年間という時間をかけるあいだにこれだけの事例が集まったとのことで、たいへん貴重なデータである（小原、一九六三）。試料は仏像からごく小さい破片を集め、木口、柾目《まさめ》、板目の三断面をつくって顕微鏡で観察するものである。破片が見つからないときは、かつて生物の分野ではやったスンプという方法を使ったという。これは私も中学生の頃にやったことがあるが、プラスチックの透明な薄板を溶剤で表面を少し溶かし、対象物に張り付けて乾いた後剥がしとる。すると、プラスチックの表面が鋳型となるので、それを観察するものである。ただこの鋳型では樹種を同定するのは難しく、剥がし取るときに繊維や仮道管が少しくっついてとれてくることを期待しておこなったと小原氏は述懐している。

地方によって樹種が違う

そうしたほんのわずかな断片から樹種を同定したわけだが、同定された樹種は地方ごとに異なり多岐にわたる（表8-1）。北海道からは八例と数は少ないが、円空作といわれる上の国観音堂の十一面観音像、寿津海神社の菩薩座像、洞爺湖観音堂の観音像がアカトドマツという同定になっている。北海道のトドマツはわずかな性質の違いでアカトドマツとアオトドマツに分けられたりするが、仏像の破片で両者を区別するというのもすごいものである。この他、トチノキ、ヒメコマツ、ヒノキ、カバノキがあがっている。東北地方では一〇〇例近くあるが、その大部分は広葉樹で、針葉樹はヒノキが九例、他にヒバ、カヤなどわずかである。広葉樹ではカツラがもっとも多く三九例もあり、ケヤキ（一五例）、サクラ（サクラ属の樹種の意味だろう、八例）、ハルニレ（八例）、ハリギリ（五例）などさまざまである。

関東にくるとずいぶん様変わりし、ヒノキとカヤが五三例と四四例となって俄然多く、広葉樹はカツラ、サクラ、ケヤキなどだが一三一例中三四例あるにすぎない。この傾向は中部地方もほぼ同様である。それが、近畿地方になると大きく様相が異なる。ヒノキが二六二例中一五五例と圧倒的に多くなり、カヤは比率の上からはわずか一割となって、関東、中部でこの二樹種がほぼ拮抗していたのとは対照的である。広葉樹は全体の三割弱だがその樹種も関東、中部とはずいぶんと違っている。常緑樹のクスノキが二八例もあり、センダン（一一例）、サクラ（八例）、それにこの表には出てこないが、魏氏桜桃（四例）、ビャクダンなどもある。「魏氏桜桃」とは中国の貴州、湖北省に分布するサクラ属の樹木とのことであるが、正体がよくわからない。小原氏は、教王護国寺の毘沙門天などがこの材であるとしているが、本当だとすれば興味深いことである。ビャクダンはビャクダン科の半寄生樹木で、インドから太平洋諸島一帯に分布し、香木として世界中に珍重されている。もちろん、日本には自生しておらず、

表8-1　小原二郎氏の同定した木彫像の地方別樹種組成

	北海道	東北	関東	中部	近畿	中国	四国	九州	合計
ヒノキ	1	9	53	31	155	13	10	7	279
カヤ		1	44	25	27	19	12	6	134
ヒバ		2		1	4				7
その他 針葉樹（7種）	5	1	1	1	5	3			16
カツラ		39	12	9	2				62
クスノキ				1	28			2	31
ケヤキ		15	6	4	3	1			29
サクラ		8	8	2	8	1			27
センダン					11		1	1	13
ハリギリ		5	2		5				12
ハルニレ		8		1					9
その他 広葉樹（16種）	2	9	6	2	14	1			34
合　計	8	97	132	77	262	38	23	16	653

小原（1972）にある樹種名をそのまま集計した
疑問符のあるものは数えなかった
1体に複数の樹種の記述があるものはそれぞれを1件として数えた
合計点数が5点以上の樹種を表示し、それ以下のものは針葉樹、広葉樹ごとに一括した

伝わってきたものであることは間違いない。クスノキは香木としてのビャクダンの代わりに選ばれたものであると小原氏は考えたが、確かにクスノキの木彫像はよい香りがしたことだろう。

さらに西にいくと、中国地方で一三対一九、四国で一〇対一二、九州で七対六と、また比率の上ではヒノキとカヤが拮抗するようになる。そして類例が少ないこともあるが、広葉樹の木彫像は中国で三八例中三、四国で二三例中一、九州で一六例中三とたいへん少なくなる。東北、北海道では好適な針葉樹材がないことから広葉樹が多く選ばれたといえるのだが、クスノキなどの大材が得やすかったと考えられる西日本でなぜ広葉樹が多く用いられなかったのだろうか。小原氏は初期の仏像はクスノキなどの広葉樹であったものが、後にヒノキに収斂してゆくと考えたことを紹介したが、西日本の調べられた木彫像が樹種選択が針葉樹に収斂した後のものということなのかもしれない。

木彫像の材の謎

私が遺跡などから出た木材の樹種同定に従事してきたのは勤務地の関係もあって、関東、北陸、東北が主であった。

北陸地方の木棺を調べるとすべてスギで、コウヤマキにはついぞお目にかかっていない。東北の木簡を調べるとモミだったりして、ヒノキがほとんどを占める畿内とはずいぶんと違う。そして、数少ない木彫仏を調べた経験ではカヤがほとんどで、北陸ではヒバだったりした。これらの経験か

図8-13　再調査された唐招提寺の伝薬師如来立像　小原はこれをヒノキ製としたが能城らはカヤとした（唐招提寺所蔵、写真提供：飛鳥園）。

ら、「都では木棺にはコウヤマキ、木簡や木彫仏にはヒノキが使われるのだが、田舎ではその代用にスギやモミ、カヤが使われているのだ」と理解してきた。その後、木簡や木棺は「都」やそれに近い地域のものを見る機会も増え、この代用が間違いないことは何度も確認してきた。しかし、木彫仏はおいそれと樹種を調べるわけにはいかない。調べるわけにはいかないが、小原氏がおこなった膨大な調査の結果は木の文化史をひもとく上に、十分すぎるほどであると思ってきた。

ところが、衝撃的なリポートが一九九八年に発表された。東京国立博物館研究誌「MUSEUM」の第五五五号に載った金子氏らの「日本古代における木彫像の樹種と用材観」という論文（金子他、一九九八）を見たときのことである。それこそ野球のバットで殴られたような衝撃であった。

この論文では奈良の唐招提寺の如来立像、十一面観音立像、伝薬師如来立像、不空羂索観音立像など、大安寺の広目天立像、寺国天立像、増長天立像、多聞天立像など、それに神護寺と元興寺の薬師如来立像など、一七の仏像の三二の部分から得られた試料をもとに、森林総合研究所の能城修一氏と藤井智之氏が光学顕微鏡および走査型電子顕微鏡を用いて樹種を同定したものである。その結果は、ヒノキとカヤの両方が使われている大安寺の多聞天立像一体をのぞいて、残り一七体の材はすべてがカヤであったとのことである。能城氏らが調べた像のうち、唐招提寺の十一面観音立像、伝宝王菩薩立像、大安寺の十一面観音立像と聖観音立像の四体については、小原氏は樹種を調べていないが、残り一三体については唐招提寺の如来立像がカヤであるとした他は、すべてヒノキと報告したものである。能城氏らの報告は、小原氏がヒノキとしたこれらすべてがカヤであるといっているのである。いったいこれはどうしたことなのか。

ヒノキとカヤ材

カヤは東北南部から鹿児島県にかけて広く分布する針葉樹で成長はよく、幹の直径は一メートル、樹高三〇メートル以上になる。材はヒノキに似て均質で光沢があり、強靭で、木理通直で、切削加工が容易で、仕上がりよく、芳香もある。ヒノキより硬く、重く、また弾性がある。用途はヒノキ

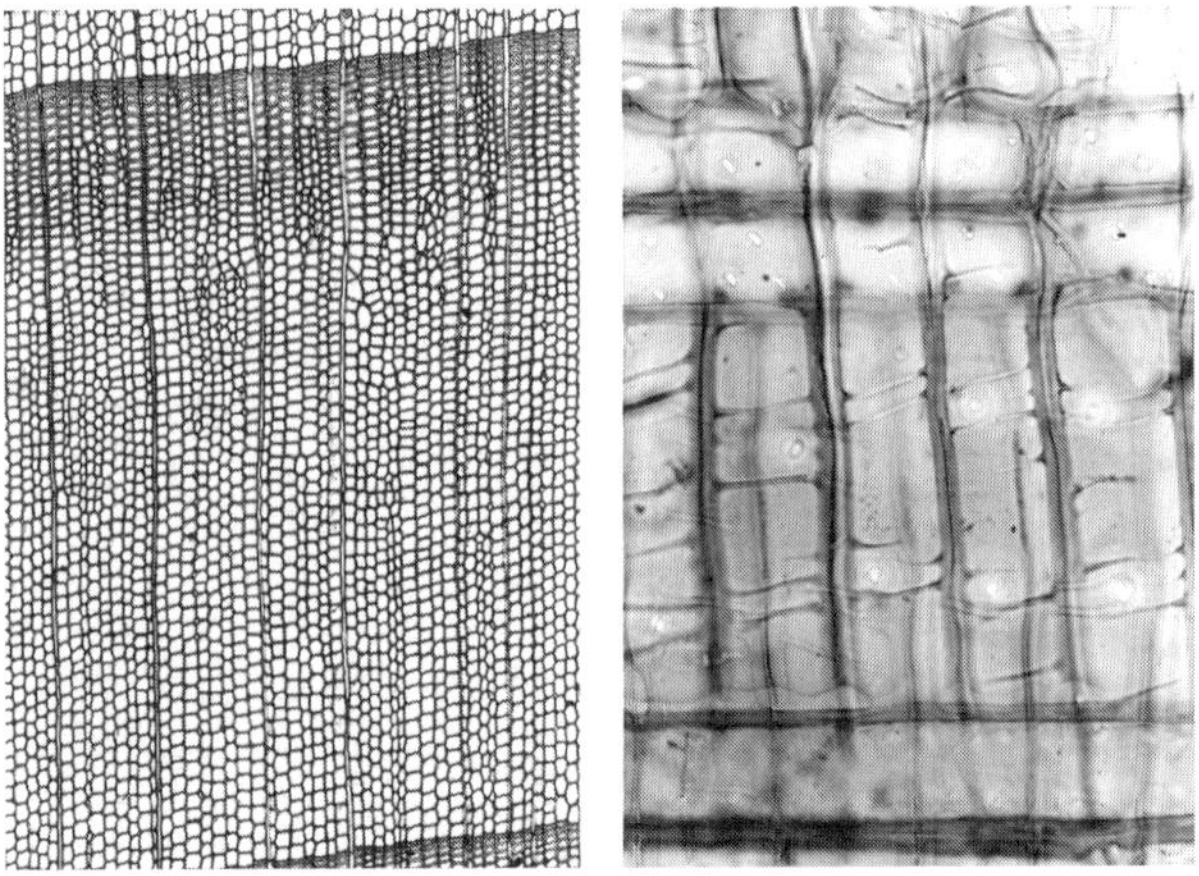

図8-14　カヤ材の横断面（木口、左）**と放射断面**（柾目、右）**の顕微鏡写真**　カヤも年輪が目立たない木だが、カラー口絵16のヒノキと比べるとわかるように、仮道管に顕著な二重のらせん肥厚があることによって容易に区別がつく。

同様幅広いが、特に碁盤、将棋盤、将棋の駒などには最適の材である。このように優れた材質の樹木であるが、ヒノキやスギ、モミのように群生せず、他の針葉樹や広葉樹に混じって生えているため一ヶ所で大量に木材を得るというのは難しい。しかし、まれな木ではないので、縄文時代からさまざまな用途に用いられて、古代の人々にもこの木の材質はよく知られていたと思われる。特に、均質で強靭な材、切削加工の容易さは木彫に適しており、芳香は仏像としての目的によくかなっていたことだろう。この材質の優秀さはカヤがヒノキの「代用」品であるとは考えにくいといえる。してみると、唐招提寺や大安寺の仏像に最初からカヤが選ばれて彫られたもののなのであろうか。そのことを考える前に、この矛盾した結果がなにによるのかを考える必要がある。

サンプリングの困難さと同定

小原氏がたいへんな苦労をして六六〇体の木彫像の試料を得たことを紹介した。私も経験したことだが、そのなかには内刳り部に材片が入っていて、これがその木彫像を製作したときの残欠であると伝えられているのが多い。そのような場合、これから樹種同定用の試料を削り取る許可は得やすい。しかし、この内刳り部の残欠が本体と同じである保障がないこともある。後世に像の補修があった場合、後補の材の残欠が残されることは十分考えられる。また、内刳り部やほぞ穴部、本体の割れ目に入った木片の場合も、必ずしも本体に由来する破片であるとは言い難いのも事実である。したがって、間違いなく本体から由来す

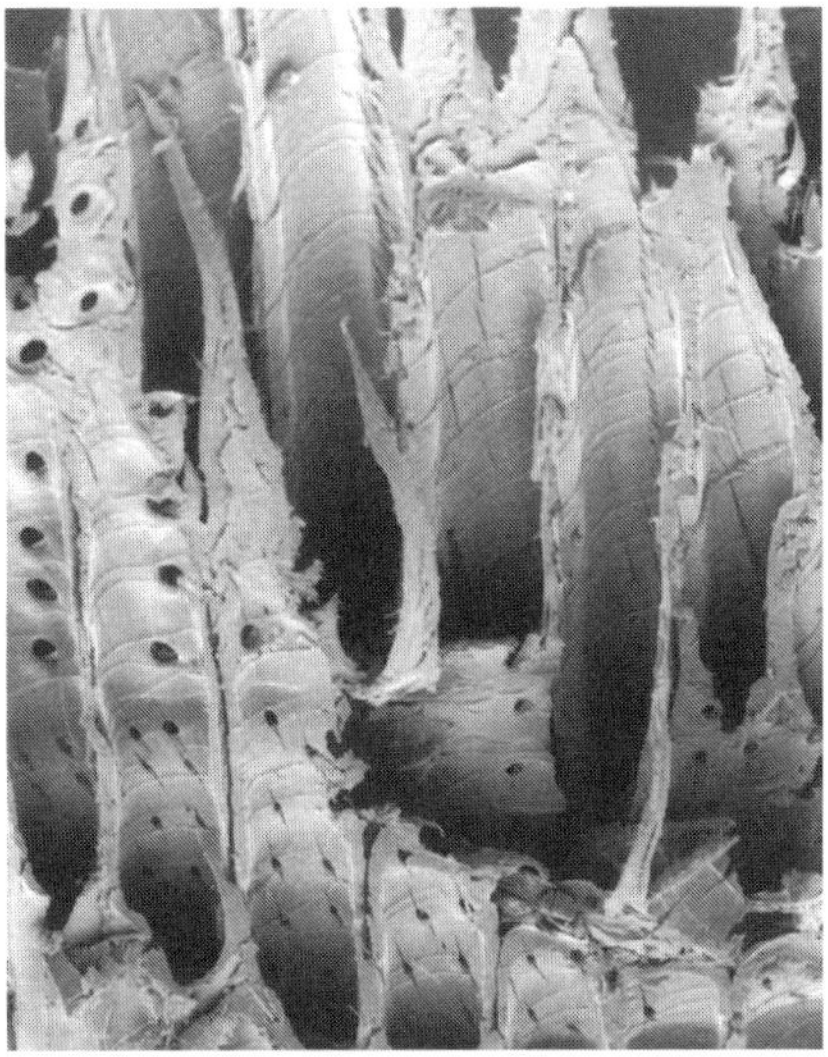

図8-15　唐招提寺の伝薬師如来立像の木片の走査型電子顕微鏡写真　背面連肉下の仰蓮用ほぞ穴から採取された。仮道管内壁に明確な二重のらせん肥厚があり、カヤであることがわかる（金子他、1998）。

る組織片でなくてはその樹種の決め手にはならないことを再確認する必要がある。また、本体が一木づくりでない場合は部分によって異なる材が使われているのであるから、パーツごとに調べる必要がある。後世に補修されている場合は、もともとの部分と後補の部分を区別するのはもちろん当然のことである。小原氏の結果と能城氏らの結果の違いの理由は、一部はこのようなサンプリングされた試料が不適切であることによるものであることが考えられる。しかし、それのみでは、このような明白な違いを説明しきれない。

カヤとヒノキはともに針葉樹で材質もかなり似ており、削り立ての新しい材ならともかく、製作されて一〇〇〇年を経たような木彫像を外観から見て、その材の樹種を同定できるとは思えない。いきおい顕微鏡的に同定するわけだが、ヒノキかカヤかどちらかか、という二者択一であるならば、カヤに特徴的ならせん肥厚の存在によって、仮道管一本あるいはその一部分でもあれば、容易に区別がつく（金子他、一九九八）。小原氏は表8-1に見るように、カヤとヒノキをそれぞれ区別して同定しているし、また氏の実績からいってカヤとヒノキの区別ができなかったということはあり得ない。しかし、国宝、重要文化財という制約のもとに十分な試料を得られない中、顕微鏡の性能も今ほど優れたものではなかった当時にあって、十分に観察できないまま同定してしまった例があったかもしれない。そして、古代の王都の主要木材がヒノキであることと、小原氏自身がクスノキからヒノキへという木彫像素材の歴史的な変換の仮説にたどり着いてからは、新たな試料を同定するときにこれらの先入観が微妙に作用したことも考えられるだろう。

古代の木彫像はカヤなのか？

以上、小原氏の結果が能城氏らのそれと違っていた理由として考えられる点をいくつか挙げたが、それでもやはり、なぜ、このように歴然と違っているのか、どうにも納得がいかない。納得がいかないが、能城氏らの出した結果は明確な光学顕微鏡および走査型電子顕微鏡の写真が載っており、これを見れば、彼らの同定が間違いないことが確認できる。それに対して小原氏の方はいくつかについては顕微鏡写真が掲載されているが、新書版の本であることもあり写真が小さく、また印刷も不鮮明でヒノキ、カヤを区別することは容易でない。

小原氏が出した六六〇体の使用樹種を調べた結果は、仏像芸術および古代仏教史の分野に大きな影響を与えたことが紹介されているが、その一方で、その結果に疑問も提示されてきたという（金子他、一九九八）。そしてごく一部であるが再調査された結果は、小原氏の同定結果と一〇〇％近く矛盾するものであった。これは、小原氏がどのように結果を出したかの詮索ではなく、基本的にすべての木彫像の樹種の再調査を求めているといえる。

能城氏ら（金子、一九九八）も述べているように、これからは共焦点レーザー顕微鏡やＣＴスキャンなどの新しい機材を動員して非破壊的に樹種を調べるのが可能となろう。

9章　日本の森林の未来

1　森林の改変と破壊の歴史

はじめての森林改変

これまで述べてきたように、日本列島で人々が活躍し始めた更新世（およそ一七〇万年前～一万年前）では、あまりにも強大な自然のパワーの中で、人々はほとんど自然に左右されて生きていたといってよい。それが完新世（約一万年前～現代まで）になって村を営み始めてから、人々と自然との関係に変化が生じ始める。森を伐り開き、土地を削って平地をつくり、そこに村をつくる。家々をつくる木材、さまざまな道具をつくる木材、日々の燃料材を村の周囲の森から得るため、木を伐る。そしていつの頃からか、村の近くの森を伐り、焼き払い、作物をつくる畑作、おそらくは焼畑をおこなうようになったことだろう。

図9-1　焼き畑　宮崎県椎葉村は、稗搗き節の村で、ヒエをつくっている。

縄文時代前期にすでにヒョウタン、豆類、エゴマ、ヒエ類などの栽培作物と思われるものが出土しているし、その頻度は中期、後期、晩期と時代が下るにしたがって高くなり、栽培作物の種類もコメや麦類、ソバなども加わって豊富になっていくことがよく知られている。焼畑は世界的に見られるもっとも粗放な農業である。作物を一～三年ほどつくったあと耕地を放棄し、新たな焼畑を別なところに求める。日本列島は世界的に見ても温暖で湿潤であることから、伐採された後にはすぐさまひこ生えが、また新たな実生苗が発生し、一五年もすると曲がりなりにも森といえるようになる。このように再生した林（二次林）はふたたび伐られ、あるいは焼かれて焼畑となり、また再生してくることを繰り返した。それによって集落を中心に自然林がなくなり、二次林＝雑木林からなる里山が形成されていった（図4-2）。このように縄文時代においてはじめての森林の改変がおこなわれたといえる。

低湿地林の喪失

縄文時代前期にピークに達した海進は、その後海退へと転じたことにより、それまで入江であったところに低湿地を出現させた。縄文時代の中期から後期にかけて、そこにはヤチダモ、ハンノキ、そして地方によってはスギの低湿地林が成立した。しかし、この林はその後の木材資源利用や弥生時代以降の稲作のための水田開発などにより古墳時代、あるいは古代の頃までにはほとんど失われた。そこには気候変動と、それによる海水準変動もおそらく一役買っていたことだろう。

針葉樹天然林の消失

弥生時代から古墳時代、そして古代に移るにつれて鉄器の普及と、特に王権の成立、律令制の施行により針葉樹材が大量に消費される時代に入った。これが第三番目の森林改変といえるだろう。天然林からコウヤマキ、ヒノキ、スギ、モミ、サワラ、ヒバなどがどんどん伐り出され、豊かな木材利用文化を育むのと裏腹に、天然資源が枯渇していった。人々はより山深く良材を求めて分け入り、木々を伐り出した。その一方、特に中国地方を中心に鉄の国内生産が計られるようになり、砂鉄を得るための鉄穴（かんな）流しで山は荒れ、精錬するための木炭をつくる必要から木は大量に伐られた。製鉄に限らず、製銅にも製塩にも、須恵器、陶磁器を焼くにも大量の木材を消費した。これらにより針葉樹林に限らず、広葉樹の天然林もどんどん減少していった。中国地方、瀬戸内海地方では自然植生がどんどん減少し、アカマツ林がはびこり始めるのが一五〇〇年前頃といわれている（安田、一九八〇）。

人工林の増加

われわれの祖先は針葉樹の木材資源の枯渇にどう対応したかというと、人工林の育成、つまり林業の発達で答えたのである。平安時代以降、鎌倉時代、室町時代、そして戦国時代と戦乱の多い時代が続く。戦乱は人やものの動きを活発にして商業経済が発展する一方、戦火は多くの人々を巻き込んで家を燃やし、家財を失わせた。新しい支配者が城を構え、城下町ができると、経済活動は活発化した。町をつくるにも大量の木材が伐り出され、それを埋めるように植林も盛んになっていった。

戦乱は収まったものの、火事による都市の消失が世界一の規模になったのが江戸の町である。火事とけんかは江戸の華といわれたように、世界一の人口を誇る江戸の町は木と紙でできており、容易に、しかも繰り返し燃えた。その結果、大量の木材が消費され、その供給が林業の発展をさらに促したといってよい。

天然林の枯渇の中で商業的に育成された木はスギが中心であった。材質的にはヒノキの方がはるかによいのだが、なぜスギが選ばれたかというと、育林が容易なこと、成長が速いこと、そして水分さえあれば土地をあまり選ばないことである。スギであれば二世代で、つまり父親が植えた木は

1

2

図9-2　スギの林業　1：宮崎県南部の飫肥林業地帯の見事な人工林（能城修一氏提供）。2：秋田県の名産、秋田杉。幹が真っ直ぐで背が高く、良質の建築材を生産する。

子供が大人になった頃に売れるのに対し、ヒノキでは三世代、孫子の代までかかる。江戸の町はよく火事になるので、成長の速い木材生産が求められたし、消費する方でも、「宵越しの金はもたない」というわけで、またいつか燃えてしまう家に高価なヒノキ材を使うこともない、という気持ちもあったことだろう。

こういう形でわが国の林業が発展したために、日本国中どこもかしこもスギが植えられた。そして、さらに追い打ちをかけたのが、第二次世界大戦後の国土緑化と拡大造林政策であったろう。スギの適地にも不適地にもどこでもスギが植えられていったのである。

2　白砂青松は幻か?

アカマツとクロマツの林

これまでこの本ではほとんど登場してこなかった馴染み深い針葉樹にアカマツとクロマツがある。アカマツは本州最北端の下北半島から九州屋久島まで広く分布し、どこでも見ることができる。クロマツも本州最北端から九州のトカラ列島まで分布し、アカマツより標高が低く、海岸沿いに多い。そしてそこら中で雑種をつくり、どちらの樹種なのか判然としない個体も少なくない。アカマツ、クロマツは典型的な陽樹で、栄養分が乏しくても陽当たりのよい地によく生える。したがって植生の遷移の過程では初期に生えてくる樹木である。このことは、火山のすそ野に広がる溶岩流の上に成立したマツ林などを見ればわかる。マツ林が成立し、時間が経過して土壌が肥えてくると他の樹種がだんだん旺盛になり、マツは老齢になるとともに消えてゆく。

　このように現代においては一般に知られているマツであるが、縄文時代の遺跡から大量にマツ材が出土したり、花粉がたくさん出てきたりすることは、例外的といえる能登半島の真脇遺跡（依田・鈴木、一九八六）などをのぞくと、他にはほとんど知られておらず、アカマツ、クロマツとも縄文時代には生えてはいたが、量は多くなかったことがわかっている。前節で述べたように、マツが増え出すのは、西日本では一五〇〇年前ほどであり、それは人間による森林破壊の結果として起きた。マツ林の拡大は時代が下るとともに広がってゆくが、東日本でマツ林が拡大するのは西日本よりずっと遅く、江戸時代になってからである（辻、一九八九a）。それも西日本では荒れた山に自然に生えてきたのに対し、東日本のもの

図9-3　マツの植林地　飛砂防止のために植えられた海岸のクロマツ（石川県能登半島千里浜海岸）

の大部分は植林されたものである。それは海岸では飛砂防止の防砂林にクロマツを植え、砂丘を耕地化するためであったし、山地丘陵地帯ではスギの適地でないところにアカマツを植え、木材の生産をねらったものであった。

このようにして全国どこでもマツが見られるようになった様子が江戸期の絵図を見るとよくわかる。そして安藤広重が描いた美保の松原の絵（図9-4）に見られるように、マツの名所というものが江戸後期にはたくさん出現してくる。特に海岸の松は「白砂青松」と詠われるごとく、松の独特の樹形と相まって日本人の心の原風景をなしているかの趣がある。しかし、これはあくまでも江戸時代の後期のもので、この地域は江戸時代のはじめにはなにもない砂浜であったはずである。

図9-4　「東海道五十三次　興津」（安藤広重作）
広重の絵には必ずといってよいほどマツが登場する。江戸時代、マツは最も身近な木であったのだろう。

松枯れ病の蔓延

一九七〇年代頃からマツが急激に枯れるという現象が近畿あるいは西日本から始まった。これは一般には「松枯れ病」といわれているが、正しくはマツノザイセンチュウ（材線虫）病と呼ばれ、非常に小さな線虫がマツノマダラカミキリというカミキリムシによって媒介されて、マツの樹体に入り込み枯らすのである。枯れたマツにはマツのマダラカミキリが産卵し、翌春に羽化するときに、マツノザイセンチュウがカミキリムシの体内に入って運ばれ、新たな木に病気を蔓延させる。この病気は非常に伝播力が強く、その地域のマツがほとんどなくなるまで続く。

神戸の六甲山は、明治時代以降多大な努力によってマツの植林が計られ、この病気が蔓延する前まではマツの美しい山として有名であったが、今ではマツはほとんど生えていない。この病気は東北地方などで今なお拡大を続け、これまでに全国のマツの名所の多くが失われてしまったといって過言ではない。ザイセンチュウ病は北米原産で、輸入材などについて日本に入ってきたものと考えられている。新たな病原菌の進入が抵抗性のない生物群に壊滅的な打撃を与えることはマツだけではなく、人間も含め多くの生物に起きてきた現象である。このような爆発的な病気の蔓延は被感染者の状況によって促進もされ、また抑止もされる。促進に働くのは不健全で病気にかかりやすい個体が多い場合である。

図9-5　無惨に枯れたアカマツ林（岡山県）

図9-6　松枯れ後しばらくたった六甲山
常緑広葉樹がすくすくと育って照葉樹林へと変わっていっている。

マツはスギとともに大いに植林されてきたが、日本の木材消費構造の変化によりほとんど市場価値を持たなくなってしまった。そのおもな原因は、安い輸入材とプラスチック製品の大量生産である。そのためマツが伐採適齢期になっても伐られずに放置され、また、松林の手入れもまったくなされなくなった。次節で述べるように里山としての利用もなくなり、林内は下草が生え、低木が生い茂り、落ち葉がつもるようになると、やがて腐葉土ができて土壌の栄養がよくなり、だんだんとマツに互して大きくなる広葉樹も出てくる。松山となり得たのは、土地がやせていて他の樹木は生育できないのにマツだけが何とか生えられるからである。肥沃な土地で広葉樹とマツが競争すれば広葉樹に分がある。こうして広葉樹がはびこるとともにマツの樹勢が衰えたのであるが、このことは病気の蔓延に大きく作用したことだろう。

松枯れ病の蔓延によって、西日本では一五〇〇年来、東日本でも四〇〇年来人々の生活の原風景を形づくっていたマツ林は激減してしまった。しかし、マツ林をこれまで存続させてきた力がことごとく存在しなくなった今、新たにマツ林が生まれ、美しい風景をふたたび形づくることはない。神戸の六甲山は今、マツ林に代わって照葉樹林が大きく広がっている。美しいマツをあしらった景観が失われてゆくのは心痛むが、これが本来の日本の森林だと考えるべきなのだろう。

3　スギ人工林の悲哀

花粉症の元凶？

現代においてスギほど人々の恨みを買っている木はないだろう。早春の晴れた日ともなるとスギ木立をわたる風に揺られて、スギの木から黄色い煙のようなものが立ち上る。この黄色い煙、全部がスギ花粉なのである。立ち上った花粉は風に乗って何キロ、何十キロメートルと飛んでゆく。縄文時代、千葉、神奈川県より北の関東地方平野部にはスギは生えていなかったと考えている。しかし、花粉分析をすると一〇％前後という、少なくはない量のスギ花粉がいつも検出される。これは、関東平野の西の箱根、天城方面、および平野の南の房総方面からの飛来花粉によるものと考えられる。このようにスギは花粉の生産量が多くて、しかもよく飛ぶのでスギの林から離れたところでも花粉症を引き起こし、多くの人を悩ませている。

しかし、これまで見てきたように、スギはなにも最近生え始めたものではなく、縄文時代から本州日本海側、東海地方では今よりも天然分布はずっと広く、平地にいっぱいあったのである。祖先はこれらを利用して木の文化を創り上げてきたわけで、祖先が花粉症に悩まされながらもスギとつきあってきたとは考えにくい。むしろスギから見れば、われわれ人間の方が生活習慣や食べ物、そして体質が変化し、また、さまざまな汚染物質を空気中に撒き散らしたことで、花粉症が出るようになったものと考えることができる。スギはその病気の引き金を引かされる立場になってしまったのではないだろうか。そう考えると、花粉をつくらないスギの開発など、生物種の存続に関わることを人間の都合でやられたのではたまったものではない、というのがスギの言い分ではないかと思えてくる。もっとも、そういって納得したところで、花粉症がなくなるわけではないのがつらいところである。

荒れゆくスギ人工林

現在のスギ天然林は山奥にいかねば見られないが、寒さでスギが育たない北海道や暑すぎて育たない沖縄をのぞけば、全国いたるところにスギが生えている。この大量のスギはもちろん木材生産のために植林されたもので、都市部の公園や緑地をはじめ、農村部では農家の屋敷林、里山、そして奥地林へとスギの林は広がっている。そして、現在、花粉を大いに生産している世代は第二次世界大戦後、荒廃した国土を緑化するためにおこなわれた大規模な植林と、その後に続く、奥地の落葉広葉樹の天然林を伐採した後に植えられた拡大造林によるものである。

私が子供の頃、「おやまの杉の子」という唱歌をよく歌った記憶がある。当時は、戦争中に荒れ果てた禿げ山にスギを植え、木材生産と国土緑化を計ってきた。それに引き続く拡大造林は「価値の低い」雑木からなる広葉樹林を伐採し、「価値の高い」スギを植えることであった。ブナ林の伐採は標高の高いところまでおよび、ブナの天然林は林道が付けられないような険しい地形の地域にしか残されなくなってしまった。高標高地に植林されたスギは寒さのためちゃんと育っていない。

そして、化石エネルギーと化石素材資源、すなわち石油資源に代表される産業構造の変化は、木材価格の下落をもたらし、木材生産が経済的に成り立たなくなってしまった。その結果、林業労働者の高齢化、後継者不足が起こり、これまでの伝統的な森林施業である枝打ち、間伐などの手入れを十分に受けられずに放置されたままの林が多くなった。

放置されたスギ人工林はどうなるだろうか？　植林したばかりのところでは下草刈りがおこなわれないと藪になり、スギの苗をおおってしまい、スギは育たなくなる。樹高数メートルの若い林ではフジやクズなどの蔓植物がはびこり、蔓切りをしないと樹冠を蔓がおおって、若木を枯らし、あるいは幹が曲がったりする。林間が鬱閉した林では枝打ちをしないと死節《しぶし》が出るし、間伐をおこなわないと成育が不揃いになり、立ち枯れが出る。このように植林から三〇年ほどにわたって継続的な手入れをおこなってこそ商業価値のあるスギ材が生産されるのだが、それらの手入れがなくなるとスギ林は荒れ始める。

森林機能に劣る荒れたスギ林

森林は木材資源を供給するのとは別に、それが存在することによりいくつもの機能を果たしている。水源涵養、防災、防風、防砂は古くから強く認識され、そのための森林の保護も計られてきた。森林は光合成によって炭酸ガスを固定し、酸素を供給する。森林の樹木自体に害を及ぼすほどの量でなければ空気中に浮遊する微粒子や汚染物質をトラップして空気を浄化する作用もある。森は微生物から昆虫、鳥、獣にいたるまでの多くの生物の住処となり、そこを生活の拠点として物質、エネルギーが循環する生態系を形づくる。そして、緑の存在それ自体が人間の精神の浄化と安定に大きく作用している。

このように非常に多岐にわたる森林の機能だが、荒れたスギ人工林はどうだろうか。りっぱに管理されたスギ人工林自体でも水源灌養機能は天然林に劣る。荒れたスギ林では表土の流乏が起き、保水機能はさらに劣る。保水力の小さい山では雨が降ると土砂が流れ出す。土砂の流出はそこに生えている樹木の根をむき出しにし、樹勢を弱らせ、樹木は枯死し、あるいは倒れ、さらに土砂の流出を促進する。流れ出した土砂は流域に堆積して河床を上昇させ洪水を引き起こすもととなる。保水力の低下は流水量の変動を大きくし、水資源の有効な活用を計るのが難しくなる。海に流れ込んだ土砂は海水を汚濁させ、プランクトンを死滅させて、ひいては魚介類を減少させる。

スギに限らず針葉樹の単一樹種の林は、多様性に乏しいため災害を受けやすく、災害を受けて山が荒れることがまた次の災害を引き起こす原因となる。この悪循環を断ち切るために今すぐ為さねばならないことは、森林の適切な管理により荒れた人工林を健全な姿に戻すことであり、それと同時に、時間をかけて人工林を多様性のある健全な森林に改造してゆくしかない。その方策については後に考えよう。

4　里山と雑木林の未来は?

里山の機能

雑木林の起源が、縄文時代に定住集落がつくられ、その周囲の森を繰り返し繰り返し伐って利用してきたことにあることは理解されたと思う。この集落周辺の森、すなわち里山はあくまでも村の経済と一体となって存在する。自然林を繰り返し伐ることによりつくり出された里山の森は、広葉樹が中心で、そこから建築材や道具用の木材、薪および炭を得るばかりでなく、農家の日常の燃料である柴を刈ってくる。農家の重要な労働力である牛馬のエサとなり寝床となる草を刈る。秋には落ち葉を掻き出し、堆肥とする。もちろん、その間、山菜やキノコ、ユリ根、山芋などを得、食卓を飾る。地域によっては焼畑もおこなっていた。このように里山は農家の必要なさまざまなものを提供していた。人口が増え、増産のために過度に利用するようになるとマツ山に変わり、あるいは森林が成立しなくなって禿げ山になったりしてしまった。森林の自己再生力のぎりぎりのところで維持されてきたのが里山といえるだろう。

失われゆく里山──現代のわれわれに里山は必要か？

この長年にわたって農村経済を支えてきた里山に、昭和三〇年代（一九五五〜六五）に大転換が起きた。耕耘機《こううん》が各農家に入り、牛馬がいらなくなり、肥料は堆肥に代わって化学肥料で済ませる。生活のエネルギーは薪炭から石油、ガス、電気へと代わった。その結果、それまでは、薪を取るにしてもなににしても、すべてのものがこの里山からもたらされていたのが、それが必要でなくなってしまった。そして、当然の帰結として山が放置されるようになってしまった。放置されると、どうなるかというと、生態学的には遷移《せんい》が起こる。遷移とは植生が時間の進行とともに変化し、その気候条件下で最適の植生（極相《きょくそう》）となることであることは4章で説明したが、里山とは人々がこの森の木を繰り返し伐り、柴を刈り、落ち葉を掻き出すことによってこの遷移をとどめていたものである。遷移をとどめる力を失った今、森の遷移は着実に進行している。

私も含めて、今壮年を迎えている世代は子供の頃の記憶として文部省唱歌の「ふるさと」に歌われた情景が目に浮かび、里山に対しノスタルジアを感じる。しかし、彼らの子供の世代は特段の感情は持っていないようだ。それは彼我の生きてきた時代の違いで当然のことである。壮年世代にとっては里山が失われてゆくのは寂しいもので、なんとか残したいという気持ちがあるのが正直なところである。しかし、経済的に成り立たない存在を許すほど日本の経済社会は甘くない。里山の土地を、森をなんとか経済的に利用できないかとして、大規模開発やゴルフ場、はては産業廃棄物の廃棄場とされて、里山であった森が失われていっている。

里山が里山として存続することが可能であるためにはそれに見合う経済効果を持つことが必要であるのはいうまでもない。その一つには経済効果の算出基準の手直しがいる。わが国では久しく水と空気はただであった。今、水がただであるとの考えは急速に改まってきているが、まだ空気はただである。しかし、空気も水と同様に人類を含めた地球生物にとって良好な状態に保つには、多大な経済的投資が必要なことは誰もが薄々と感じ始めている。実際、地球温暖化防止会議では炭酸ガス放出量の算定に当たって森林の面積が大きな要素として取り入れられた。

若い森林は旺盛な成長にともなって大量の炭酸ガスを固定し、木材として蓄積するが、森林が老齢になるとそれ以上の蓄積はわずかとなる。里山の雑木林はまさに「常に若い林」である。この若い林の状態を続けるにはある程度成長したところで、木を伐らねばならない。しかし、木を伐って燃やすなり分解するなりしてしまえば、ふたたび炭酸ガスが空気中に戻るではないか、という指摘がある。確かにその通りである。が、燃やすことによって出るエネルギーをかつてのように生活のエネルギーとして利用することができれば、その分、化石燃料の消費を減らすことができる。さらに、木炭などを生産して活性炭などに利用した後に燃やすなり土壌改良材として土地に戻すなりに利用が図られればその分、さらに炭酸ガスの放出を減らすことになるだろう。

もっと大切なことは里山が身近に存在して、そこが人々が自然とふれあう場としても機能できれば、人々の心に及ぼす効果が非常に大きいだろうということである。全国各地で里山トラスト運動と呼ばれる活動が盛んになってきている。これが都会の人の単なるレクリエーションではなく、里山を生産の場として活用した上での効果として経済的な評価を与えることが今必要なのではないか。

5　わが国の森林の未来と木の文化

現代にとっての森林の意味

先に森林の果たしている機能について確認をしたが、現在の経済システムにおいてはこれらの機能は金銭に換算される経済的な評価を適切に受けているとはいえない。かつてはそのような価値はあくまでも付随的で、そのような森を存続させながら生産物である木材を切って売ることにより林業は成り立ち得た。しかし、現在は特殊用途の木材で、しかも量を少量に限定してかろうじて経済性を持つのみで、三八〇〇万ヘクタールの国土の六・六割（二五〇〇万ヘクタール）を占めている森林の大部分は、対価なしに存在することを求められているといっても過言ではない。

しかし、われわれはこの森林面積を半分あるいはそれ以下に減らして土地の有効利用を図ろうと考えるだろうか。否である。大規模な森林の喪失を誰も望んでいないといえる。森林の喪失が住環境の悪化を招き、われわれ自身の存在自体を脅かすものであることを本能的に知っているからである。森林の、それも健全な森林の存続を求めるならば、良質で豊富な水資源、清浄な空気、快適で健康的な生活環境など、森林が存在することによって流域の企業や住民が受けている利益を適切に森に返す仕組みの整備が求められている。

森林は利用してこそ意味がある

森林が存在すること自体で、われわれが得ることのできる恩恵のみが森林の利用価値のすべてではない。森林は利用してこそ価値が高まる。利用するというのには、レクリエーションなど存在それ自体を利用することもあるが、ここでいうのはそうではなく、木を伐り、木材を利用することである。

森林が持つ最大の武器は再生産能力である。これはなにも樹木だけではなく、すべての生物に共通のことであるが、地球の、特に陸地の環境形成に大きく寄与している陸上生態系の大きな要素の一つが森林である。大量の化石資源あるいは埋蔵資源の消費によって引き起こされている急激な地球環境の悪化を押しとどめ、改善する方策の基本は、持続可能な資源の利用である。再生産可能な範囲での資源利用を計ることにより、悪化の速度を鈍らせ、さらに徹底すれば改善も可能である。エネルギー源として太陽光、風力、波力、地熱などが挙げられるが、そこに木材資源を加えることも不可能ではない。しかし、木材資源はエネルギー源にする前に天然素材資源として十分大きな役割を果たすことが可能である。

近代から現代への工業化は、均一な素材を大量に使って均一な規格の製品を大量に生産することで発展してきた。しかし、地球はそれを今後も永続的に続けることはできないということをわれわれに示している。われわれの生活の仕方を根本から変えて、再生産可能な資源を使って多様な規格の製品を小規模に、しかし、くまなく利用することにより、快適で健全な生活を計ることが求められている。

多様な木材資源の活用

縄文時代以降、われわれの祖先はさまざまな木に出会い、それを巧みに活用して豊かな木の文化を培ってきた。その文化とそこに流れる精神は、今もわれわれの心の中に忘れられずに残っているといえよう。われわれは、やはり木のぬくもりのある家に住みたいし、木の器や箸を使って食事がしたい。使用済みや壊れたプラスチック製品を、人々の健康を害さないように処分するのにはたいへんな経費と資源を投資しなければならない。そのことがわかった今、多少不便で、長持ちしなくとも自然に戻すことができる木材資源を活用した方が、結局は経済的に見合うことを真剣に考える必要がある。

日本列島は大陸東岸の温帯域にあるという幸運により、温暖で湿潤な気候に恵まれていることが豊かな森を存続させてきた。赤道をはさんで南半球にあるニュージーランドもわが国によく似た気候条件にあって、豊かな森林が広がる地であった。しかし、ヨーロッパ人の入植が始まってわずか一〇〇年で国土の大部分が牧場と畑に変えられ、天然林はごくわずかになってしまった。

日本は縄文時代以来六〇〇〇年以上ものあいだ、人々が住みつき、少なくない人口を抱えているにもかかわらず、広大な森林を保って来ている。近代にいたるまで牧畜が入ってこなかったことが、もっとも大きな理由だが、森は人々の生活になくてはならぬものとして機能してきたことにもよるだろう。今、われわれは森からちょっと離れて暮らしているが、心のどこかに森の存在を常に感じている。

里山は定期的に木を伐ってはじめて健全な森として機能する。よく手入れされたスギやヒノキの人工林は、天然林より森の機能は多少劣っても、優良な木材資源をわれわれに与えてくれる。天然林は国土の保全、水源涵養に大きく働くとともに、豊かで多様な生物界を支えてくれる。日本人の長い歴史の中で築き上げられてきたこの森と人のシステムは、地球生態系の一部として矛盾が少なく、しっかりと組み合わさって安定しており、持続的に循環可能である。この森のシステムを放棄してしまったのはそんな古いことではなく、ここわずか三〇、四〇年ばかりのことであり、幸運にもまだシステムが忘れ去られてはいない。

森の恵み、木の文化にもう一度光を当て、このシステムを現在的に改善して再度動かしていくことが、地球生物系が健全に生存可能な二一世紀の地球環境を、われわれ人類がつくってゆくことにつながるだろう。

付章　木の化石の種類を調べるには

1　幸運な木のみが保存される

化石はなぜ残る?

化石とは過去に生きていた生物の死骸あるいはその痕跡である。地球の歴史の何十億年間に生きてきた生物の数はそれこそ計り知れないのだから、そこら中化石だらけかと思えば、そうではなく、むしろ化石が見つかることはたいへんまれである。遺跡を発掘すると土器や石器などに混じって、木材が出てくる。木材は有機物の塊だから、地上にあると普通は腐朽菌と呼ばれるさまざまなキノコやカビ、それにバクテリア、カミキリムシなどの昆虫など、さまざまな生物のアタックを受けて分解され、数年から数十年のうちには直径一メートルを超える大木であっても跡形もなくなってしまう。だから昔の木材が残っているということはそれなりの条件下に保持されたからに他ならない。

このように木材が失なわれない条件とは、一つにはカビやキノコなどが活躍できない状態にあることで、そのいちばん容易な状況が水中にあって無酸素状態になることである。その上、砂泥でパックされれば物

図付-1　弥生時代中期の旧河道を埋めた泥土の中から姿を現した埋れ木　神奈川県逗子市の池子遺跡。

理的な破壊からも免れ、木材はよい状態で保存されることになる。河川や湖沼周辺の低湿地や現在水田になっているところでは、地下を掘ると水分を大量に含んだ泥炭やシルト質の堆積層があり、この中に木材が保存されているのである。このような堆積層には木材だけでなく植物の葉、種子、果実、花粉、珪藻、昆虫など、じつにさまざまな生物の遺体が保存されていて、それらも私たちに過去の環境や人々の生活をさまざまに語ってくれる化石である。

木の化石のさまざまな残り方

低湿地の堆積層から水漬けの状態で掘り出される木材を、私たちは「埋れ木」と呼んでいるが、埋れ木以外にも木材が遺跡から出土することがある。

埋れ木に次いでよく出土するのは炭である。難しくいうと「炭化材」となるが、木が燃えたときの燃え切らなかった部分、あるいは炭焼き窯で乾留したものが炭であるが、これは木材の細胞壁をつくっているセルロース、ヘミセルロース、リグニンという炭素、水素、酸素を主成分とした生体高分子化合物がほとんど炭素だけになったもの（これを炭化という）である。炭素は物質としては非常に安定で、しかも硬く（ダイヤモンドが炭素の結晶であるのはご存じのとおり）、燃やさない限り変質せずにずっとある。おまけに炭化するときにもとの細胞構造をだいたい保ったまま炭化するので、細胞壁を構成する物質は違っていても細胞の形そのものは生きている木材と同じである。

また、低湿地遺跡などから木材に限らず、種子や果実などが真っ黒くなったものが出土し、これをよく炭化材、炭化種子などと、あるいは「自然炭化」といったりする人もある。しかし、触ってみると柔らかく、また剃刀の刃で切れたりするものは正しい意味での「炭化」ではない。「埋れ木」や「埋れ種子」（この言葉は実際には使われてはいない）であって、堆積層に埋積中に酸やさまざまな物質によって作用を受けて植物の組織が変質し、着色したものである。通常、掘り出した直後には褐色をしているが、空気中ですぐに酸化されて黒色になり、本物の「炭化物」と似た色になってしまう。炭化物は水で洗って空気中で乾燥しても形や組織は保存される（急激に乾かすとひびが入ってバラバラになることがよくある）が、「埋れ木」や「埋れ種子」は、クルミの殻のように硬いもののほかは、普通は乾燥すると外形も組織も収縮偏形し、ふたたび水に入れても二度ともとの構造には戻らない。したがって埋れ木と炭化材では掘り出したあとの扱いが全然違うことに留意願いたい。

この他、低湿地でないのに古墳や墓などの発掘で木材（および植物性の種子や組織）が出土することがまれにあり、これを仮に乾燥木材と呼んでいる。たとえば、死者を安置した木棺、副葬された刀の鞘や束の木質部分、鏡を入れていた木の箱、などがからからに乾いた状態でまれに出土する。古墳などは空気

図付-2　弥生時代の消失家屋の炭化材　家屋の骨組みの姿を残して炭化している。群馬県中高瀬観音山遺跡。

が遮断されてやはり無酸素状態にあることが木材の保存を可能にしているが、それでも木棺などもとあった木材のごく一部が幸運に残っている。これは、青銅、鉄、金銅などの、装身具や釘、刀飾り、鏡などの金属にくっついていた部分がかろうじて残っているもので、鉄分などが浸透して硬くなっているのもある一方、多くの場合はたいへん柔らかく、もろくなっている。いずれにしろ、たいへん貴重な資料であることがほとんどで、扱いには神経を使う。

図付-3　露頭に顔を出して時間のたった木材
周辺部は乾燥収縮してひび割れがたくさん入っている。このような部分では組織構造はつぶれている。

2　どうやって木の種類を知る？

以上のように遺跡から出土する木材には、埋れ木、炭化材、乾燥木材と大きく分けて三通りあり、また出土木材をポリエチレングリコールや凍結乾燥法などで保存処理したものもある。これらの木材の種類を調べる方法はそれぞれ異なっているので、それを簡単に紹介しよう。

埋れ木を切る

埋れ木は地層中で有機物が分解してできる酸などの働きにより軟化された状態にあって通常はたいへん

図付-4　埋れ木の切片を切る　片刃の剃刀で木口、柾目、板目の三面を切り、スライドグラスに載せて封入する。

軟らかい。ただ、クリなどでは心材部分にタンニンが蓄積していて、これが埋れ木になると漆黒になるとともに、木材がきわめて硬くなり、乾燥してもまったく変形しないような例外もある。新潟県のある土木工事の際に出土したクリの巨木から工事の記念にとペーパーナイフをつくって関係者に配ったことがある。私が樹種を調べたので一ついただいたのだが、丈夫で艶があり、まるで黒檀のようであった。

　このような例外をのぞくと、埋れ木を扱う上でもっとも注意しなければならないのは、この埋れ木を決して乾燥させないことで、ひとたび乾燥させると収縮してひび割れし、もう一度水に入れても決して戻らない。木材の同定は構成細胞の種類と微細構造、そしてそれらの立体配列の仕方を観察しておこなうので、一度乾かしたものは立体構造が失われ、それよりもなによりも、剃刀で切れなくなってしまうので、樹種の同定はできなくなってしまう。埋れ木は乾かさないように保存し、鋸やカッターナイフなどを使って一辺一センチくらいの直方体を切り出し、これから剃刀の刃で木口《こぐち》、柾目《まさめ》、板目《いため》の三面を薄く切る。どのくらい薄く切るかというと、だいたい二〇分の一～四〇分の一ミリ（五〇～二五マイクロメートル）くらいで、切ったとき向こうが透けて見えるくらいにするのである。

　次に、切片をスライドグラスの上に載せてガムクロラールという糊（アラビアゴム、抱水クロラール、グリセリン、水の混

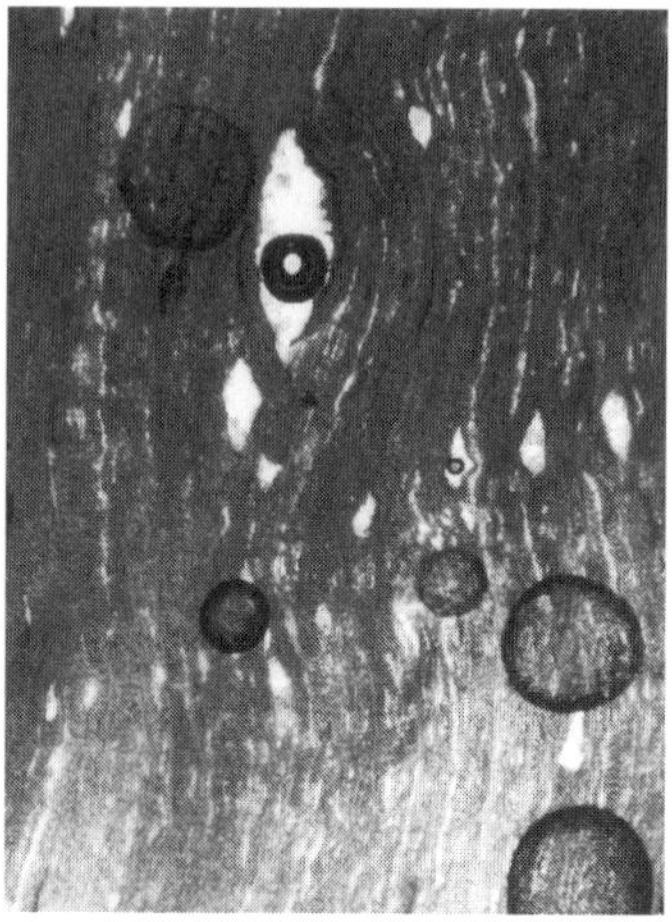

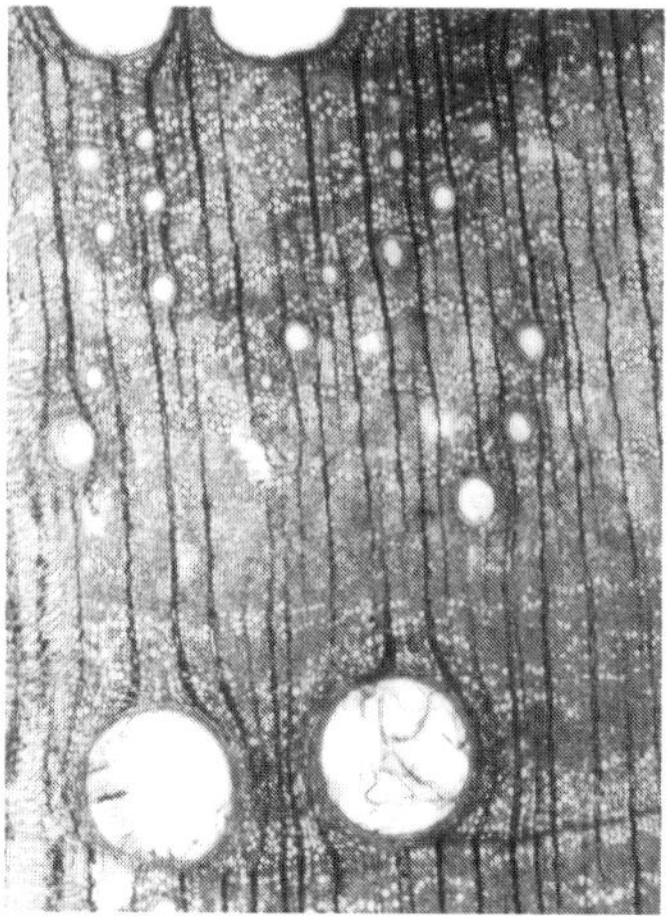

1　**図付-5　乾燥収縮して構造がつぶれてしまった木材（1）と構造がきちんと保存されている木材（2）**　2

2はクヌギ節の木材（埼玉県寿能泥炭層遺跡）。

合物）で封入する。この糊は水が付いたままで封入できるのでたいへん便利である。難点は、固まるのに時間がかかるので、しばらくは水平に置いておかないといけないこと、温度が高くなると柔らかくなること、多湿なところに置くと水分を吸収して糊が柔らかくなってしまうこと、などであるが、便利さには勝てない。最近は布団乾燥機などを使って速く乾かす装置を考案した。

その他、一般の生物組織切片の作製と同様に、水分をアルコールに置換し、次にキシレンなどの有機溶媒に置換してパラフィンに包埋し、これをミクロトームで切る方法もある。綺麗な切片は切れるのだが、なにせ手間暇がかかるので自分ではやったことがない。

顕微鏡で見る

いずれにしてもこのようにしてできたプレパラートを普通の顕微鏡（われわれが使っているも

のは生物顕微鏡という）で観察するのだが、埋れ木は細胞壁が劣化していること、染めていないので透明でちょっと見にくいこと、つぶれたりして組織がゆがんでいることなどをのぞけば、生きている木から木材を採集してつくった切片と基本的に変わらない。だから、埋れ木のプレパラートを手元にある現生木材のプレパラートと比較し、また自らつくった顕微鏡写真アルバムを見て、あるいは現生木材組織の写真集や文献を参照して樹種を決めるのである。

ただ、木材組織は同じ種類であっても、個々の樹齢、育ち方、そして一本の木の中にあっても幹、枝、根など各部分では構造が少しずつ異なっている。したがって比較する現生木材のプレパラートや文献は少数ではだめで、できるだけ多くの資料と対比する必要がある。もっとも、既存のプレパラートや文献資料は、そのすべてといってよいほどが幹の材であり、根や枝に関してはまったくといってよいほどない。結局、それらの資料を自ら蒐集することになるが、根を掘って木材資料とするのは、なかなか容易ではない。

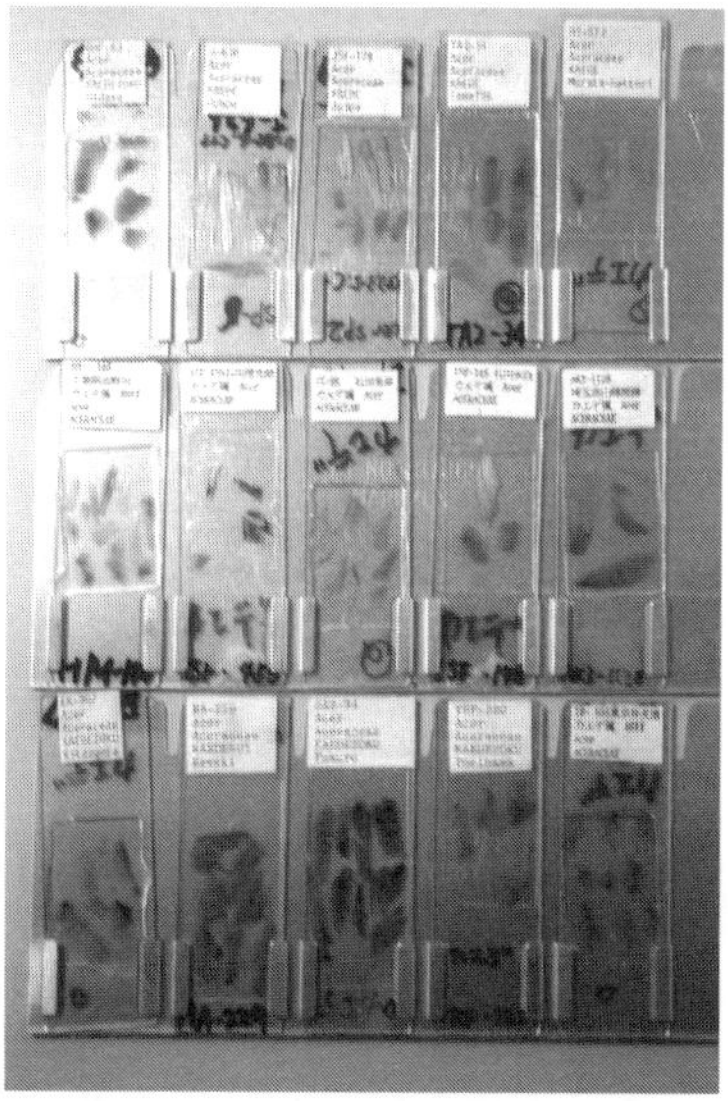

図付-6　できあがった埋れ木のプレパラート　メモなどを油性ペンで書いておき、必要なら後でちゃんとしたラベルを貼り付ける。

炭化材の樹種を調べる

炭化材といっても炭化の仕方でさまざまな性質のものがある。消し炭や燃えさしに付着している炭化材は一般に柔らかいが、白炭のようにきわめて硬いものもある。また樹種によっても炭質が違い、ウバメガシでつくった備長炭のように、たたくとチンチンと金属音を発するものや、いわゆる佐倉炭のナラ材の炭のように放射状に無数の割れ目が入ったものもある。このような質の違いをいう前に、炭化材というだけで顕微鏡で観察して樹種を同定するのは、ちょっとやっかいである。というのは、炭は剃刀で切れないし、無理に切る（というか刃に当たった部分を壊す）と粉々になってしまい、立体構造が失われてしまうからである。

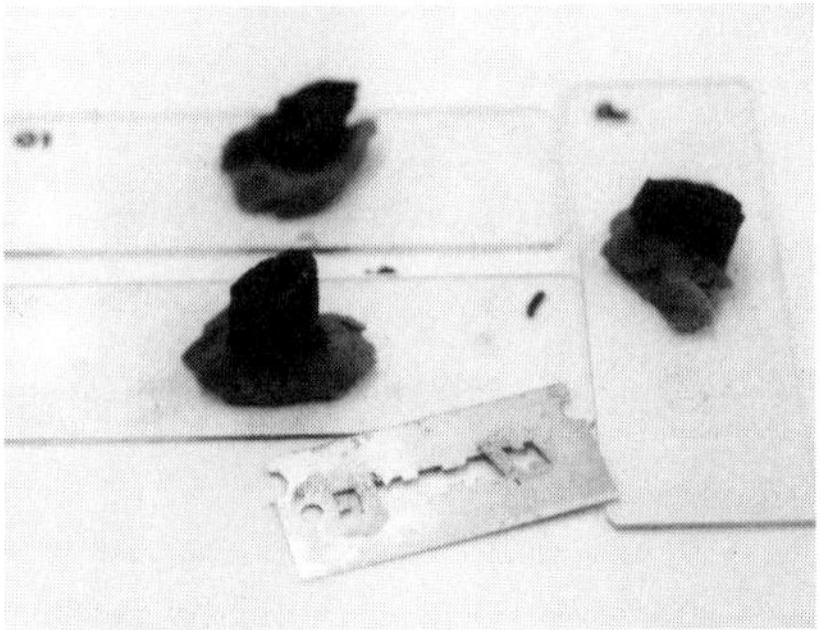

図付-7　炭化材の断面を作り、油粘土でスライドグラスに固定し、反射顕微鏡で観察する。

炭化材を観察するには、木口、柾目、板目の面が出るように手で炭を割り、その割った面を反射顕微鏡（金属顕微鏡とも言う）で観察するのである。しかし、割って平らな面を得るのはなかなか難しい。横断面では、均質で、適度の堅さを持った炭であれば、割りたい位置に剃刀で軽く切れ目を入れて両手で引っ張るようにして割ると比較的平らな面が出てくる。しかし、ナラ類のように放射状の割れ目が多数あるものは、柾目の薄板状にどんどん割れてしまい難渋する。風化してしまっている炭化材は少し力を加えるとぼろぼろと崩れていってしまい、難渋する。難渋というより、同定をあきらめるといった方が正確かもしれない。柾目、板目の断面は剃刀の刃をその方向に入れて少しこじるようにして割れた面を出す。剃刀で「削った」面は、一見組織が見えるようでも細胞一つ一つの形や大きさ、細胞壁の構造などはほとんどが観察できない。

このようにしてできた断面を持つ小片を顕微鏡で観察するには、生物用のスライドガラスの上に油粘土の小片を載せ、炭化材の小片を油粘土に埋め込むようにして観察したい面ができるだけ水平になるようにする。これでも断面自体が湾曲しているので、観察するときにはフォーカスを動かしながら頭の中で平面を再構成して同定することになり、熟練を要する。走査型電子顕微鏡を使えば深い焦点深度が得られるので見やすいが、試料の処理に時間がかかってしまうのが難点である。また、光学顕微鏡と走査電顕では同じ構造でもかなり違って見えるので、十分な観察を重ねる必要がある。

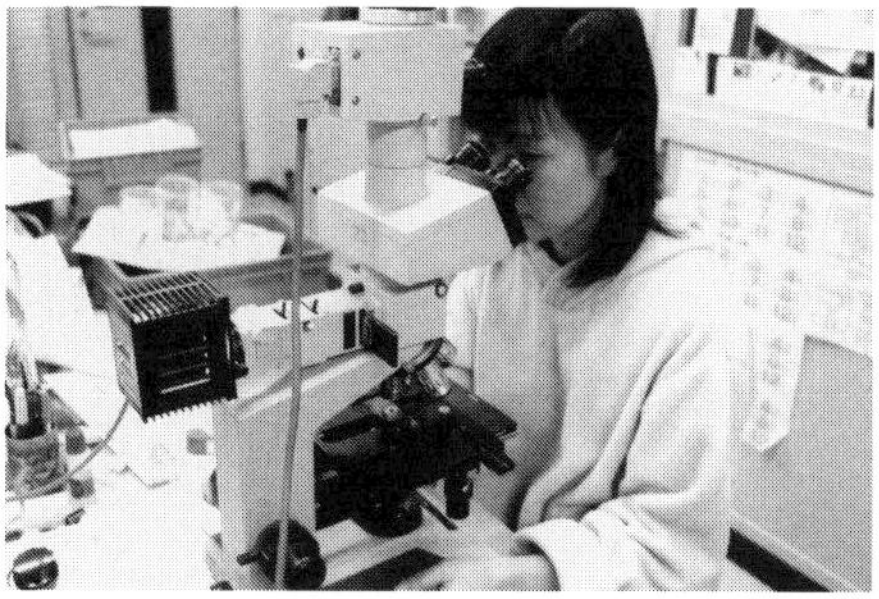

図付-8　反射顕微鏡での観察　炭化材は真っ黒なので反射してくる光量が少ない。振動の少ない机の上で観察し、高感度のフィルムで撮影する。

生物の組織切片を切るためのパラフィン法を応用するのもある。炭化材をアルコールに漬けて空気を追い出し、キシロールなどの有機溶媒に置換してパラフィンをしみこませ、固めたものをミクロトームで切るものである。切るときに切断する面にセロテープを貼り付け、セロテープに切片がつくようにするとバラバラにならない。ゼラチンの糊などでスライドグラスに張りつけたあと、パラフィンを有機溶媒で溶かして樹脂で封入すれば永久プレパラートができ上がる。できたプレパラートの観察は埋れ木のプレパラートのときと同様であるが、だいたいにおいて光の透過性がほとんどない（炭だから当たり前）ので、

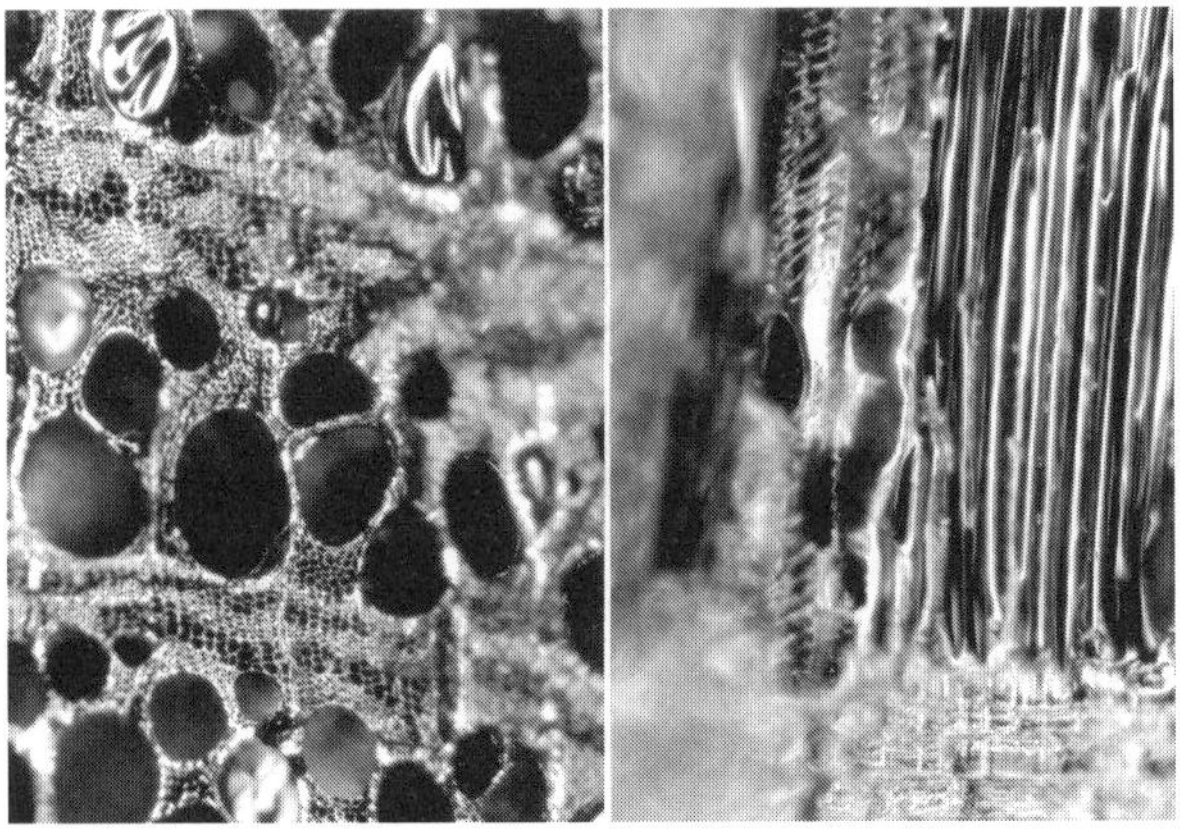

図付-9　キハダの炭化材の反射顕微鏡写真　細胞壁がある部分が反射して明るく見える。横断面（左）では繊維細胞が細く壁が厚いのでいちばん明るく、道管の内腔は暗い。柾目（右）では細い道管にらせん肥厚が光って見え、ぽっかり空いた楕円形の単一穿孔がある（青森県十三湊遺跡の中世の炭化材）。

アウトラインの観察しかできないこと、炭化した細胞壁が綺麗に切れなくて往々にして細かく壊れてしまうこと、柔らかい炭はこの方法でよく切れるが、堅い炭はどうやってもダメなこと、などの欠点がある。

反射顕微鏡で見るにしろ、走査電顕で見るにしろ、またプレパラートにして観察するにしろ炭化材は埋れ木に比べて本質的な問題を抱えている。最大の問題は、炭は埋れ木のように細胞壁の細かいところは観察できないし、繊維細胞と柔細胞との区別が困難であったり、道管と柔細胞の配置関係が詳しく観察できないなどにより、同定の精度が埋れ木に比べれば一段低い。それも環孔材など材構造が特徴的な樹種は比較的容易にわかるが、散孔材で、材構造がよく似ているものの区別は至難である。

さらに、一般に炭化の過程で木材の体積が少ないもので数パーセント、多いものでは数十パーセントも収縮することが知られている。この収縮の程度は急激かゆっくりとかなどの炭化の仕方の違いはもちろん、樹種によっても違う。だから道管の直径や木材構成細胞のサイズなどは埋れ木や現生の対象標本とはずいぶんと違ってくる。どの樹種が、どんな状態で、どれだけ収縮するかといったデータは皆無といってよく、したがって、サイズに依存した同定は困難である。

乾燥木材の樹種を調べる

古墳などから、からからに乾いて出土した乾燥木材は細胞壁が極端に劣化しており、たいへん軽く、手荒に扱えば粉々になってしまう。これらの出土材も基本的には炭化材と同じ方法で同定できるが、木口面をつくろうとすると、試料が繊維状にばらばらになってしまうのがおちである。また、そのような試料は往々にしてたいへん貴重な資料で、おいそれと切ったりはったりできない場合も多い。

したがって、針や剃刀の刃先で組織をわずかに剥ぎ取って顕微鏡で見ることになる。結局、細胞組織間の配列や立体構造での同定は難しく、細胞レベルでの同定となる。そのため針葉樹では同定が比較的容易であるが、広葉樹では特徴的な形態を持つもの以外はきわめて難しい。反射顕微鏡での表面からの観察でどうしても同定できないものはパラフィンに埋めて、ナイフで切る方法がよいが、これは時間がかかるのとともに、ある程度の大きさのサンプルを切り取らせてもらえないと試料にならないという難点がある。

保存処理された木材

遺跡から出土した木製品は、最初は水漬けの状態で置いておかれるが、バクテリアの発生や乾燥、埋れ

図付-10　古墳出土材　1：京都府乙訓郡出土といわれる単鳳環頭大刀の把頭、2：同じく、鞘尻、および鞘尻の中の木質部。3：鞘尻の木質部の反射顕微鏡写真。放射断面でヒノキ型の分野壁孔が見え、ヒノキ材であることがわかる(小川、1988)。

1

2

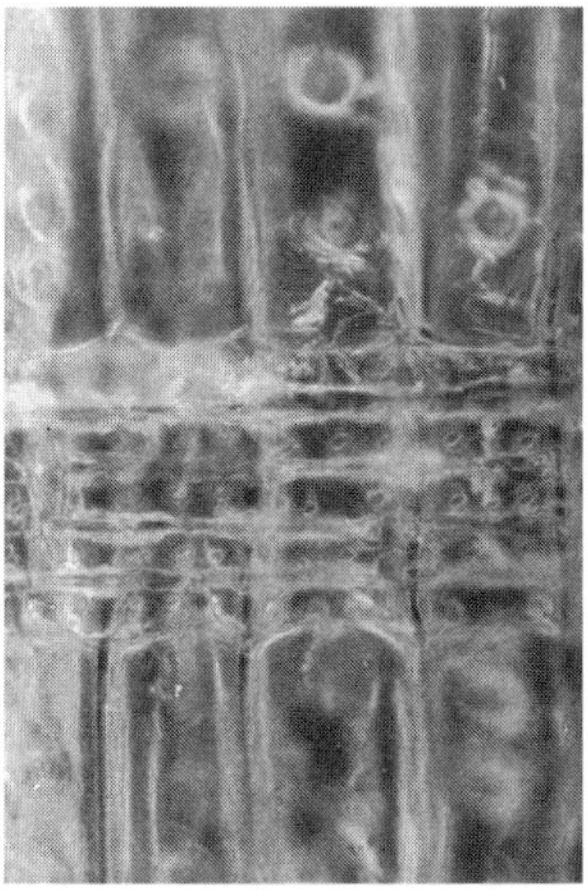

3

木中に含まれる酸による劣化などを防ぐためには、ときどき水を換えたり、冷蔵庫の中で低温状態にしたりと、管理に手間暇とスペースがかかるので、未来永劫これを続けるわけにはいかない。いきおい保存処理をして安定状態にし保管を簡素化する必要がある。

現在、もっとも広くおこなわれている方法は、ポリエチレングリコール（ＰＥＧ）を含浸させるもので、また、最近は比較的小さなものについては凍結乾燥法がおこなわれるようになってきた。ＰＥＧは水溶性なので、最初は低い濃度のものに漬け、順次濃度を高くして最終的に埋れ木中の水を一〇〇％ＰＥＧで置き換える方法である。こうすると乾燥することもなく、また堅いので壊れることもないので扱いが容易となる。

しかし、この保存処理をしてしまったもので樹種を調べるとなるとちょっとやっかいである。ＰＥＧは熱をかけると柔らかくなるので、この処理をした試料から切片を切るには木口、柾目、板目の面が切れそうな部分をお湯に漬ける。柔らかくなったところでお湯の中に入れて暖めた剃刀刃で切片を切る。切った切片はシャーレに張ったお湯の中に泳がしてＰＥＧを流し去れば、後は通常の埋れ木同様、ガムクロラールで封入してプレパラートとできる。

問題は、木製品がちょうどうまく切片が切れるような部分をお湯に漬けられるか、である。不要な部分までお湯に漬けたら、

図付-11　出土木材の一時的な保管のためのプール　定期的な水換え、冬季は凍結防止の暖房などが必要になる（埼玉県寿能泥炭層遺跡）。

せっかくの保存処理が台無しである。保存処理をする木製品は、通常、考古学的価値が高いものであり、どこを削るか、悩むことになる。

一方、凍結乾燥したものは、これはもう、基本的にお手上げである。一部をブロックとして切り取り、それを煮て水分を一〇〇％しみこませ埋れ木と同様にして、パラフィン法で切片をつくれば同定できるのだが、ＰＥＧで処理したものと同様、貴重な遺物からたとえ小指の先ほどとはいえ、切り取るのは気が引ける。たとえ切り取れたにしてもパラフィン法まで使ってプレパラートをつくるのは面倒である。剃刀でわずかに削った面を古墳の出土材と同様に反射顕微鏡で見るしかないので、同定の難しいものはまず種類を特定できない。幸い、針葉樹材の場合は放射面が削れれば、これが意外と組織構造がしっかりと残って

図付-12　現生木材のコレクション（上）と現生木材のプレパラートのコレクション（下）（東北大学理学研究科付属植物園）

いるのでプレパラートにすることができ、きちんと同定できる場合が多い。この場合、切片をシャーレの水に入れると浮いてしまうので、七〇％ぐらいのアルコールを切片の上にたらすと水との親和性がよくなり、水が切片内に入るのでプレパラートにすることができる。それでもダメな場合はアルコールを入れた上で少し煮るのも方法である。

以上、どのようにして樹種を同定するかを紹介したが、意外と簡単と思われる方もいるだろうし、面倒であると思われる方もいるだろう。しかしいずれにしても基本的なことは、埋れ木などを同定するための資料、特に現生の樹木の木材プレパラートのコレクションがあることがいちばん重要である。私の研究室では数千の幹を板に製材したものや枝を輪切りにした木材の標本と、それらからつくった木材組織のプレパラートがやはり数千枚ある。プレパラートは一種類につき一枚あればいいというのではない。同じ種類でも木の育ち方の違いや産地によって、一本の木でも幹や枝、根などの部分で、また同じ部分でも樹齢によって構造に変化があるので、違った産地、違った木（個体）から採ったものがたくさんある方がよい。だから毎年、樹木標本採集のため、九州は最南端の西表島から北海道の稚内地方まで、全国を駆け巡ることになる。この旅はしかし、単に木材標本の充実ばかりでなく、さまざまな風土に触れることができ、土地の名勝旧跡を尋ねるチャンスもあり、自分の住むところでは味わえない味覚にも出会う旅であり、毎年、今年はどこを訪れようかと楽しみにしているのである。

木材化石の同定、研究はこのように手間暇と根気のいる作業である。木材の樹種は大工さんや木材業者は肉眼的におこなってきた。長年の経験はかなりな精度で樹種を言い当てる。しかし、その手練れも遺跡からの出土材となると勝手が違ってしまい、お手上げである。顕微鏡で見てこそはじめて確実な同定ができる。木材に限らず花粉でも、種子や葉でも化石を同定するということは、まずそれの名前が知りたい、という人間が持つ根元的な欲求に根ざしている。そして、その名前を知ることができた時点から、世界が広がってゆく。過去の植生、昔の人々の生活、文化、歴史、生物の進化などなど、研究者の持つ興味にしたがってさまざまな方向への発展の基礎となる。わずか一〇〇年程度の時間しか体験できない人間にとって、その何十倍、何千倍という時間の中での、時の流れ、生物界の変化、人類の発展などを感じながら研究がやれるというのは他では得難いものが非常にあると強く感じる。人の寿命を越えた視点からものごとを見ることができるというのはこのような研究分野にいる者の特権かもしれない。あなたもここに立って見ませんか。

あとがき

千葉大学で亘理俊次先生に師事して以来、じつに三〇年以上にわたって遺跡から出土した木材を見てきたことになる。亘理先生のスタンスは「考古学の人に特に頼まれたものを見る」ということだったと思う。同定した結果は考古学の分野ではおおいに意味を持ったが「本業」である植物学の分野ではほとんど評価を受けることがなかったように思う。私自身、「遺物の材質の同定」から「木材化石による古植生の復元」に目が向きだしたのは寿能泥炭層遺跡にかかわってからである。以来、できるだけ多くの資料を調べて、古植生を復元し、そこから木材利用を明らかにし、とおこなってきたつもりである。数えたわけではないが、同定した資料は数万点になるだろうか。資料を多く調べるようになったことにより、考古学から頼まれて結果を渡す、というのから、自らのテーマのために研究する、ということがはじめて実現できたと自負している。

東大農学部では島地謙先生に師事し木材構造の進化を学んだのだが、生きている樹木の木材構造も、数千万年前の硅化木も、数千年前の埋れ木も平行して研究した。島地先生はその頃は遺跡出土材にはかかわっておられず、精力的に研究を始められたのは京都大学木材研究所に移られてからである。先生の京大退官記念の出版である『日本の遺跡出土木製品総覧』（雄山閣出版）は普及して間もないパソコンを使ったはじめての本格的なデータベースで、制作にはじつに苦労したが、この分野の研究ではよい一里塚になった。

森林総合研究所の能城修一さんとコンビで遺跡出土材を研究するようになったのは、寿能泥炭層遺跡の頃からで二五年近くなる。本書の随所に出てくるデータの非常に多くの部分が彼との共同研究で、しかもそのほとんどは、彼が主で、私が従である。彼の卓越した同定能力は、天性のものに加えて、絶え間ない標本観察、新たな資料の蒐集に基づく新たな知見の蓄積が加わってできたものであり、頭が下がる思いである。他の人からは、よくもまあ、あの二人はコンビが続いているね、とお褒めをもらったりしている。また、これらの研究を巡って歴史民俗博物館の辻誠一郎さん、神戸大学の松下まり子さん、流通科学大学の南木睦彦さん、東京都立大学の山田昌久さんらをはじめ、じつに多くの、すばらしく、しかもおもしろい人たちと出会えた。「本業」の植物解剖学関係とはまた違った人脈で楽しい。

本書では多くの方々の研究成果を引用させていただいた。また、多くの教育委員会、埋蔵文化財調査センター、埋蔵文化財調査事業団、遺跡調査会等の報告書から図や写真を引用させていただいた。青森県教育委員会、八戸市教育委員会、黒川村教育委員会、能城修一氏、吉川純子氏には写真を提供いただいた。ここに記して心からの感謝を表したい。

　本書の最初の章が書かれたのは忘れもしない一九九七年の春である。だから本の企画はその一年前くらいからすでにあった。六年を経てようやく陽の目を見たというわけである。ぱたりと止まってしまった筆をじっと辛抱強く待ち、なんとか最後までもってきてくれたのは八坂書房編集部の中居恵子さんである。感謝以外の言葉が見当たらない。他の方のあとがきに同じようなことが書かれているのをよく読んで、なんとだらしない著者か、と思ったりしたものだ。まさか自分が書くことになろうとは思っても見なかった。最後に、本書の刊行を支持し、また、じっと待ってくださった八坂書房社主の八坂安守氏はじめみなさんに感謝の言葉を述べて、ひとまず筆をおくことにする。

――――，1994：粟津湖底遺跡の縄文時代早期のクリ遺体群，植生史研究2：1.
――――・宮地直道・吉川昌伸，1983．北八甲田山における更新世末期以降の火山灰層序と植生変遷，第四紀研究21：301-313.
――――・植田弥生・木村勝彦，1994：余呉低地帯南部における完新世後半の木本泥炭と植生復元，植生史研究2：11-18.
――――・植田弥生・木村勝彦，1995：福井県三方低地帯南部における完新世湿地林の復元と古生態，植生史研究3：61-70.
――――・植田弥生・鈴木三男・能城修一，1991：牛屋遺跡と周辺の古環境，福井県三方町教育委員会「三方町文化財調査報告第10集－牛屋遺跡」127-136.
塚田松雄，1980：杉の歴史：過去一万五千年間，科学50：538-546.（岩波書店）
植田弥生・辻誠一郎，1994：若狭湾沿岸，敦賀市中池見の埋没林とその放射性炭素年代，植生史研究2：29-30.
上原真人，1991：農具の変遷，季刊考古学37：46-52.（雄山閣出版）
亘理俊次，1978：第5章自然遺物　第1節木材，日本考古学協会（編）「登呂前編」：83-91.
――――・山内文，1952：加茂遺跡の木質出土品に就いて，三田史学会「加茂遺跡-千葉県加茂獨木舟出土遺跡の研究」：119-124.
山田昌久，1993：日本列島における木質遺物出土遺跡文献集成－用材から見た人間・植物関係史，植生史研究特別第1号，242頁.
――――，1999：縄文時代の鋤鍬類について，人類誌集報1999：222-230.（東京都立大学）
――――・山浦正恵，1984：漆器の器種と樹種の選択－製作技法をめぐって，埼玉県教育委員会「寿能泥炭層遺跡発掘調査報告書－人工遺物・総括編」：795-800.
安田喜憲，1980：環境考古学事始，NHKブックス，270頁.
依田清胤・鈴木三男，1986：能登半島真脇遺跡より出土した自然木の樹種，金沢大学日本海域研究所報告18：43-68.

北江古田遺跡調査会「北江古田遺跡発掘調査報告書（２）」：506-556.
————・————，1987b：関東平野の縄文時代の木材化石群集とそれが示す古植生の変遷，植物分類・地理38：260-274.
————・————，1987c：中里遺跡出土木材遺体の樹種と木材遺体から推定される古植生，東北新幹線中里遺跡調査会「中里遺跡２ 遺跡と環境」：253-320.
————・————，1990：越前朝倉氏遺跡から出土した木製品の樹種，福井県立朝倉氏遺跡資料館紀要1990：15-22.
————・————，1997：縄文時代の森林植生の復元と木材資源の利用，第四紀研究36：329-342.
————・————・植田弥生，1982：樹木，埼玉県教育委員会「寿能泥炭層遺跡発掘調査報告書－自然遺物編－」：261-282.
鈴木茂，1998：花粉化石，青森県・日本公園緑地協会「青森県総合運動公園植生復元基本設計報告書」：135-143.
高原光・竹岡政治，1990：福井県三方郡見方町黒田のスギ埋没林，京都府大演習林報34：75-81.
谷口康浩，1993：縄文時代集落の領域，季刊考古学44：67-71.（雄山閣出版）
寺田和雄・太田貞明・鈴木三男・能城修一・辻誠一郎，1994：十和田火山東麓における八戸テフラ直下の埋没林への年輪年代学の適用，第四紀研究33：153-164.
————・辻誠一郎，1998：秋田県大館市池内における十和田八戸テフラに埋積した森林植生と年輪年代学の適用，植生史研究６：39-47.
遠山富太郎，1976：スギの来た道，中公新書，215頁.
辻誠一郎，1989a：開析谷の遺跡とそれをとりまく古環境復元：関東平野中央部の川口市赤山陣屋跡遺跡における完新世の古環境，第四紀研究27：331-356.
————，1989b：４，植物と気候，永井昌文他（編）弥生文化の研究第１巻　弥生人とその環境：160-173，雄山閣出版.
————，1991：自然と人間－AT前後の生態系をめぐる諸問題－，石器文化研究３：225-229.

――――――, 1972：木の文化, ＳＤ選書, 鹿島出版会：217頁.
小川貴司（編), 1988：井上コレクション, 弥生・古墳時代資料図録, 言叢社, 274頁.
尾中文彦, 1939：古墳其の他古代の遺跡より発掘されたる木材, 木材保存7（3）：115-123.
大場忠道, 1983：最終氷期以降の日本海の古環境, 月刊地球5（1）：37-46.
Ooi,N., Minaki,M. & Noshiro,S. 1990：Vegetation changes around the last Glacial Maximum and effects of the Aira-Tn ash, at the Itai-Teragatani site, Central Japan. Ecological Research 5:81-91.
埼玉県教育委員会, 1984：寿能泥炭層遺跡発掘調査報告書－人工遺物・総括編－（遺構・遺物), 679pp.
桜町遺跡発掘調査団（編), 2001：桜町遺跡調査概報, 学生社, 92頁.
佐藤洋一郎, 1999：DNA考古学, 東洋書店, 201頁.
仙台市教育委員会, 1989：仙台市文化財パンフレット第15集, 富沢を探る.
――――――（編), 1992：富沢遺跡第30次調査報告書第2分冊, 604頁.
――――――, 1996a：中在家南遺跡他, 第1分冊本文編, 716頁.
――――――, 1996b：中在家南遺跡他, 第1分冊写真図版編, 378頁.
嶋倉巳三郎, 1970：大和古代木材考（第2報), 奈良教育大学紀要（自然科学）19（2）：111-118.
島地謙・伊東隆夫（編), 1988：日本の遺跡出土木製品総覧, 雄山閣出版, 296頁.
静岡県埋蔵文化財調査研究所, 1996：角江遺跡II, 遺物編2（木製品), 216頁.
静岡市登呂博物館, 1989：登呂遺跡出土資料目録　写真編, 115頁.
Suzuki, K. 1991：*Picea* cone-fossils from Pleistocene strata of northeast Japan. Saito-Ho-on Kai Museum Research Bull., 59：1-41.
鈴木敬治, 1992：大型植物化石, 仙台市教育委員会（編）富沢遺跡, 第30次調査報告書第2分冊：244-273.
鈴木三男・能城修一, 1987a：北江古田遺跡の木材遺体群集, 中野区

池低地遺跡の調査」：103-132
————・————，1989b：川口市赤山陣屋跡遺跡から出土した木材遺体群集，川口市遺跡調査会「赤山，古環境篇」：203-280.
————・————，1989c：米泉遺跡出土木材の樹種，石川県埋蔵文化財センター「金沢市米泉遺跡」：263-278.
————・————，1990a：福井県鳥浜貝塚遺跡から出土した自然木の樹種と森林植生の復元，金沢大学日本海域研究所報告 22号：63-152.
————・————，1990b：木材化石群集，早稲田大学所沢校地文化財調査室「お伊勢山遺跡の調査，第4部弥生時代から平安時代」：39-50.
————・————，1990c：善通寺市永井遺跡の木材化石群集 香川県教育委員会「四国横断自動車道建設に伴う埋蔵文化財調査報告第9集　永井遺跡」823-864.
————・————，1991：木材化石の樹種，千葉市教育委員会「千葉市神門遺跡」：178-190.
————・————，1992：仙台市富沢遺跡から出土した木材化石の樹種と森林植生の復元，仙台市教育委員会（編）富沢遺跡第30次調査報告書第2分冊：231-243.
Noshiro, S. and Suzuki, M. 1993：Forest development during 6,300-3,000 yBP (Early to Late Jomon periods) at the Akayama Site, central Japan. J. Plant Res. 106:259-277.
能城修一・鈴木三男，1997：石川条里遺跡出土木製品の樹種，長野県埋蔵文化財センター「石川条里遺跡」第3分冊：68-138.
————・————，1998：三内丸山遺跡第6鉄塔地区出土木材の樹種，青森県教育委員会「三内丸山遺跡IX（第2分冊）」：99-118
————・————・網谷克彦，1996：鳥浜貝塚から出土した木製品の樹種，鳥浜貝塚研究1：23-79.
Noshiro, S., Terada, K., Tsuji, S. and Suzuki, M. 1997：*Larix-Picea* forests of the Last Gracial Age on the eastern slope of Towada Volcano in northern Japan. Review of Paleobotany and Palynolo.
小原二郎，1963：日本彫刻用材調査資料，美術研究229：74-83.

Kobayashi, K. , Yoshikawa, J. & Suzuki, M. 2000：DNA Identification of *Picea* species of the Last Glacial Age in northeast Japan. Jap. Jour. Hist. Bot. 8：67-80.

町田洋・新井房夫，1976：広域に分布する火山灰－姶良Tn火山灰の発見とその意義－，科学46：339-347.

前田純子・鈴木三男，1998：三内丸山遺跡第6鉄塔地区出土炭化木材の樹種，青森県教育委員会「三内丸山遺跡IX（第2分冊）」：119-139.

Miki, S. 1938：On the change of flora of Japan since the Upper Pliocene and the floral composition at the present. Japanese Journal of Botany, 9：213-251.

松本　勗，1984：北部九州の遺跡から出土した木材及び木製品，古文化財編集委員会（編）「古文化財の自然科学的研究」，同朋社，274-280.

南木睦彦，1987a：北江古田遺跡の大型植物遺体，中野区北江古田遺跡調査会（編），北江古田遺跡発掘調査報告書（2）：466-504.

―――――，1987b：最終氷期の植物化石とその進化上の意義，遺伝（裳華房）41(2)：30-35.

―――――，1994：縄文時代以降のクリ（*Castanea crenata* Sieb, et Zucc.）果実の大型化，植生史研究2：3-10.

―――――・島地謙・林昭三・伊東隆夫・宮武頼夫・清水芳裕・五十川伸矢・森本晋，1987a：第2章北白川追分町遺跡の発掘調査，京都大学構内遺跡調査研究年報昭和59年度，第I部昭和59年度京都大学構内遺跡発掘調査報告：9-57.

―――――・吉川純子・矢野祐子，1987b：川口市赤山陣屋跡遺跡の大型植物遺体，川口市遺跡調査会「赤山，古環境篇」：131-202.

木浦大学博物館，1997：務安良将里遺跡，488頁.

中尾佐助，1966：栽培植物と農耕の起源，192頁，岩波新書.

奈良国立文化財研究所，1985：木器集成図録，近畿古代編，223頁.

能城修一・鈴木三男，1988：袋低地遺跡の木材遺体の樹種，東北新幹線赤羽地区遺跡調査会「袋低地遺跡，自然科学編1」：405-436；1988

―――――・―――――，1989a：木材化石，練馬区遺跡調査会「弁天

参考・引用文献

網谷克彦，1996：鳥浜貝塚出土の木製品の形態分類，鳥浜貝塚研究1：1-22.

青森県教育委員会，1996：三内丸山遺跡VI.，108頁.

千野裕道，1991：縄文時代に二次林はあったか－遺跡出土の植物性遺物からの検討－，東京都埋蔵文化財センター研究論集10：215-249.

福井県教育委員会，1979：鳥浜貝塚－縄文前期を主とする低湿地遺跡の調査1，216頁.

――――，1987：鳥浜貝塚－1980～1985年度調査のまとめ，136頁.

林弥栄，1969：有用樹木図説 林木編，誠文堂新光社，472頁.

飯塚俊男（編），2000：縄文うるしの世界，青木書店，206頁.

池田晃子・奥野充・中村俊夫・筒井正明・小林哲夫，1995：南九州，姶良カルデラ起源の大隅降下軽石と入戸火砕流中の炭化樹木の加速器質量分析法による^{14}C年代，第四紀研究34：377-379.

石川県埋蔵文化財センター，1993：石川県松任市野本遺跡，144頁.

伊東隆夫・林昭三・島地謙，1985：第4章北白川追分町遺跡出土の木材の樹種，京都大学埋蔵文化財調査報告III，第II部自然科学的調査篇：139-144.

かながわ考古学財団，1999a：池子遺跡群X，第1分冊，592頁.

――――，1999b：池子遺跡群X，木器集成図録，73図.

金沢市教育委員会，1983：金沢市新保本町チカモリ遺跡－遺構編，141頁.

金子啓明・岩佐光晴・能城修一・藤井智之，1998：日本古代における木彫像の樹種と用材観，東京国立博物館研究誌「MUSEUM」555：3-53.

河姆渡遺址博物館，1996：河姆渡遺址，20頁.

木立雅朗，1993：木製櫛の変遷とその意義について，石川県埋蔵文化財センター「石川県松任市野本遺跡」：127-142.

索　引

著者略歴

鈴木三男（すずき・みつお）

1947年福島県白河市生まれ。1970年千葉大学文理学部卒業。農学博士（東京大学）。東北大学理学研究科教授。同附属植物園園長。

植物系統学、植物解剖学、古植物学が専門。特に木材組織の比較解剖学が専門で、中生代白亜紀、新世代第三紀および第四紀の木材化石から現生樹木の木材まで広く扱い、白亜紀の被子植物の起源群の木材構造の特性の解明、日本の第三紀の広葉樹木材化石フローラ、木材化石群集による第四紀の古植生の復元と人間の木材利用など、化石の研究を進める一方、ヒマラヤ地域、オセアニアの樹木の木材構造の解析により南北両半球での木材構造の進化を追っている。

（社）日本植物園協会会長。仙台市在住。

訳書：『植物解剖学入門』（共訳、P.ルダル著　八坂書房）

日本人と木の文化

2002年2月25日　初版第1刷発行
2005年4月25日　初版第2刷発行

著者　鈴木三男
発行者　八坂立人
印刷・製本　壮光舍印刷(株)

発行所　(株)八坂書房
〒101-0064　東京都千代田区猿楽町1-4-11
TEL.03-3293-7975　FAX.03-3293-7977
郵便振替口座　00150-8-33915

ISBN 4-89694-489-5